倉嶋厚の人生気象学

思い出の季節アルバム

倉嶋　厚　著

東京堂出版

まえがき

本年（二〇一二年）一月に満八十八歳になった私は、気象庁予報官、気象台長、NHKの気象キャスターなどを務めた約六十五年の間に、日本の空を渡る季節の美しさや、天気図に見る「風信雲書（風の便り、雲の文）」の面白さに惹かれ、約四十年間、新聞や雑誌に「お天気エッセイ」を寄稿してきた。そしてそのエッセイに、神経症、肺結核、十二指腸潰瘍、喉頭癌、妻との死別、うつ病、自殺未遂などで経験した人生の哀歓も記すようになった。それらはすでに二十冊以上の単行本・文庫本となり、現在も版を重ねたり、テレビドラマやドキュメンタリーの原作になったりしているものもある。

四年前（二〇〇八年）の晩秋に突然、体の数ケ所に激痛をともなう膿瘍ができ、晩秋から初冬にかけて死線をさまよう入院生活をした。退院して孤老生活に戻り、介護保険の「介護4」の認定を受けて、身内やヘルパーさんの助けを受けながら、クルマ椅子、ポータブル・トイレ、出張リハビリなどの療養をした。そして次第に元気を取り戻し、二〇〇九年夏には、私の「最後の本」として『日本の空をみつめて―気象予報と人生』（岩波書店）を著すことができた。ところが、それから三年間も生きてしまい、今回、「つれづれなるままに」本書を著すことになった。これは兼好法師の『徒然草』の書き出しの言葉だが、「つれづれ」の意味は「①つくづくと物思いにふけること、②なすこともなくものさびしいさま、することもなく退屈なさま」（『広辞苑』）であり、今泉忠義さんの『徒然草』現代語訳は「ぢっとして何かしないではゐられない気持に惹かれて」（角川ソフィア文庫）となっている。私の日記を読むと、このところ三年間ほどは、毎日のように「今日も達成感なし。心は鬱状態」と記されている。そこで思い切って、これまで九冊も私の「お天気エッセイ」の単行本を出版してくださった東京堂出版の編集部に、私の「つれづれなる思い」をうったえてみた。すると編集部長の堀川隆さんがこれまで新聞・雑誌に書いた膨大な枚数の原稿を精読し、大幅に取捨選択して本書を構成してくださった。

本書のⅠ章は諸種の雑誌に掲載された文章のほんの一部と、「うつ病」に関して私のホームページにいただいたメールに対する返事、Ⅱ章は二〇〇二年から現在まで読売新聞長野県版に連載しているコラム「倉嶋厚の季節アルバム」から選択したもので「故郷の空を思う」と題してあるが、全国各地の話題も多く含まれている。一介の老気象人の人生と季節に対する思いを、共感や批判とともに読んでいただけるならば望外の幸いである。

なお本文中の旧暦の太陽暦への換算値、気象・気候の統計値などは執筆当時のものである。また引用の詩歌、挿話、言い回しなどに重複があり、編集にあたって極力整理したが、「老いの繰り言」になっていることを否めない。ご諒解いただきたくお願い申し上げる。

また東日本大震災についての思いは、本書には書いてない。正直のところ言葉を失ったのである。心からご冥福を祈りお見舞い申し上げるのみである。

最後になったが、本書に転載を許してくださった読売新聞社、文芸春秋、月刊『寺門興隆』、渋沢栄一記念財団と、「くどき」の多い老人を相手に辛抱強く丹念に編集してくださった東京堂出版第一編集部・編集部長・堀川隆さんに厚くお礼申し上げる。

二〇一二年五月一日

倉嶋　厚

目次

Ⅰ　折々の思い

三惚れの人生

「三《さん》惚《ほ》れ」の人生は幸福だ、という。「三惚れ」とは「女房に惚れ、仕事に惚れ、土地に惚れる」ことである。

私は亡き妻を心から愛していた。妻は中央気象台（現在の気象庁）の高橋浩一郎予報課長（後の気象庁長官）の秘書をしていた。私は気象技術官養成所研究科（現在の気象大学校）の学生として、卒業論文を書くために高橋博士の部屋に通っていた。一九五〇年（昭和二十五）、妻はレッドパージを受けた。「今後過激な運動に与しない」という誓約書を書けばパージは免《まぬか》れたのだが、妻は悩んだ末、書かなかった。職場を去る妻の後姿が清楚で可憐に感じた。曲折の二年後、私たちは結婚した。妻は前衛党の一部の人間像に失望したこともあって、すでに運動から離れていた。

気象の仕事は初めから好きで選んだわけではなかったが、海軍航空隊の下級気象将校をしたり、戦後、台風予報の現場の一員として働いている間に、本当に好きになった。

気象庁での勤務地は東京、札幌、鹿児島だけだったが、それぞれ土地の風土を愛した。特に妻と共に見た亜寒帯の北海道と亜熱帯の南九州の空は、思い出しても胸がキューンとするほど懐かしい。つまり私は「三惚れ」の人生を過ごしたことになる。

もちろん何回か不幸と言える期間はあった。結婚して半年足らずで私は肺結核になり、妻も一時結核の疑いで、新婚早々、間借りの部屋で病床を並べた。妻は回復し出版社で働き、私は通算三年近く結核病棟で暮らした。が、私たちは互いに愚痴を言わなかった。

私の父は長野市で長い年月、宗教関係の新聞を発行していた仏教研究家でジャーナリストだった。私は九番目の子で、私の少年時代は父は六十歳代で、人生の諦観に達しており、私を叱咤激励したことはなく、ただ「幸・不幸を他人と比べるな」、「得意の時は淡然、失意の時は泰然としているものだよ」、「和して同ぜず、で行け」、「あきらめるとは物事の道理を明らかにすることだから、悪いことじゃないよ」、「多くの困難が同時にふりかかったら、一番近い困難から遠い困難の順に縦に並べて当面の問題を一つに絞って、次々にその解決に全力を挙げると、うまくいくことがあるよ。横に並べると一斉に攻め立てられて、パニックを起こす」などの人生訓を自分の実感として語ってくれた。そのことが不幸な期間を通り抜けるのに随分助けになった。

妻は三十歳代に二回の妊娠に失敗し子供の産めない体になった。涙を流したが、私たちは運命として受容した。その後は私は一回として「子供がほしい……」という種の言葉を吐いたことはなかった。

一九八四年（昭和五十九）、満六十歳で鹿児島気象台長を最後に定年退職し、NHKの解説委員となり気象解説などを行って八年目の春、私の声帯に悪性腫瘍ができた。定年退職後、好きな仕事を楽しく続け、その年も毎週二回の講演、二つの新聞コラム、一回のテレビ出演とそのためのロケーションを順調にこなしていた時だけに、突然谷底に突き落とされたようなショックを受けた。幸い小さな腫瘍は簡単にとれて、その後、放射線治療で、一応治癒したが、一時は声が出なくなり、妻と筆談の日々が続いた。しかしその秋には再びテレビの仕事に復帰できた。その後しばらくは地方へのロケーションに妻が同行した。

大正生まれの私は、家事、家計などすべて妻にまかせきりで、仕事一筋を「男の美学」としてきたようなところがあった。妻もまた「私の自己実現の道はあなたを通してなのね」と納得し協力してくれた。妻は予報の現場の仕事をしながらの私の学位の取得や各種の受賞を、妻自身のこととして喜んでくれた。

一方、私は銀行のキャッシュカードの使い方も分からない、家事無能力者になっていた。税の確定申告も妻が行っていた。

私が癌を病んで死別を意識してからは、私たちは一層、互いに慈しみあうようになり、朝夕

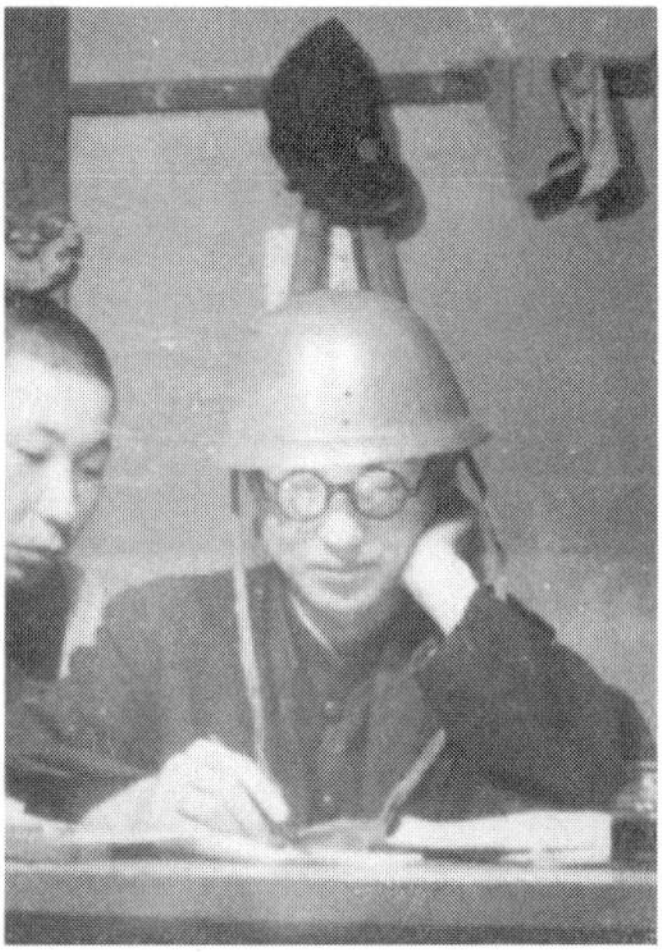

右上。1943年（昭和18）頃。給費制の中央気象台付属気象技術官養成所の智明寮にて。灯火管制の下で勉学に励んだ。
左上。1952年（昭和27）９月12日に結婚。厚28歳、妻・泰子24歳。

1950年（昭和25）頃、中央気象台時計塔の屋上にて。向かって左端が筆者。最右端が後に第８代気象庁長官となった窪田正八氏、その左隣は第７代気象庁長官となった有住直介氏。

「今日もよろしくお願いします」、「今日も一日ありがとうございました」と挨拶して、一日一日を丹念に過ごしてきた。私たちの会話は年齢とともに丁寧言葉に変わってきた。その方が本当の気持ちを伝えるのに適していたように思う。

一九九七年（平成九）六月、妻は胆管細胞癌のため、六十八年九カ月の生涯を閉じた。若い時の二回の大手術の輸血で長い年月、C型肝炎を患っていたのだった。妻の死後の私の心身の混乱については平岩弓枝編『伴侶の死』（文藝春秋）に書いたことでもあり、紙数の関係もあって、ここでは詳しくは書かない。要するに私は典型的な強度の「うつ病」になり、その年の暮れには自殺を数回、試みた。ガリガリに痩せ、自力では着物の着脱ができなくなり、食物の味が完全になくなってしまった。翌年の一月半ばに私は総合病院の精神神経科に五カ月間入院し、抗うつ剤の点滴を受けてこんこんと眠り続けた。退院後は次第に回復して、三回忌が過ぎたころから、ようやく妻の死を「明きらめ」られるようになった。

現在、三歳年上の昔気質の真面目で価値観が同じで信心深く親切な老婦人がマンションの別の区画に住み込んで家事を取り仕切ってくれている。おかげで私は執筆・講演活動ができるようになった。この婦人との出会いは、全く偶然によるものだが、その偶然は亡き妻が作ってくれたと思っている。

今後、どんなことが起こるか分からないが、振り返って七十七年間の私の生涯は、「三惚れ」のゆえに幸福だったと思う。

（『文藝春秋九月臨時増刊号』二〇〇一年）

私の育った仏教的環境

寺院に生まれたわけではないが、私はやや特異な仏教的環境で育ってきたように思う。
そこで、私は本誌編集部からの執筆依頼テーマ〈寺院・住職に直言・提言する〉に答えるほどに宗教学的素養を持っていないが、これまで歩んできた人生で、私なりに「仏教的だった」と思われる場面のいくつかを記して、皆様のご参考に供したい。

◆仏教ジャーナリストだった父

私の父、倉嶋元弥は一八七四年（明治七）に信州の山奥の農家に長男として生まれ、生涯、独学力行を続け、善光寺の門前町の長野市で『仏都新報』を、たぶん三、四十年間も発行していた。「たぶん」と書いたのは、父が五十歳の時の、十人兄弟姉妹の九番目の子であった私は、父の壮年時代の仕事を知らないからである。その仏都新報社は一時、多数の社員がいて盛業だったらしい。各部屋に、布施、持戒、忍辱《にんにく》、精進、禅定、智慧という六波羅蜜の名前がついており、門柱には「仏都新報社」と並んで「菩薩道場」「宗教図書館」などの表札が仰々しく掲げられていた。

しかし、私の少年時代は、ガランとした事務室で、父は一人で細々と執筆・編集し、月に一回か二回ほど『仏都新報』を発行していた。時折、編集室で原稿を大声で読まされた。父はそれを聞きながらゲラに赤を入れた。

子供心に良い文章だなと思うことがあった。論理が明解で、文章にリズムがある時だった。今も私は自分の文章を書き終えると、数回、朗読することにしている。声を出し読んで、言いよどむのは、表現がくどいか、論理の展開に無理、迂回、道草があるか、独善的な思考や自己顕示がある個所である。この経験は後年、気象学の論文の執筆やテレビの気象解説にずいぶん役に立った。

◆虫には名前がない

一九三七年（昭和十二）の夏、私は十三歳で旧制中学二年生だった。六十三歳の父は夏休みの宿題の昆虫採集をする私の捕虫網の棒に住所氏名を書いた。《大宇宙銀河系太陽系地球亜細亜州大日本帝国本州中部地方長野県上水内郡長野市西長野町倉嶋厚一寸乃虫五分乃魂》と記した父は「虫には名前がないなあ」と言い、「あるよ、カブト虫とかクワガタとか」と言い返す私に「それは名前じゃない」と答えた。お前の捕るカブト虫が厚という名前なら、厚は死ぬ。

1935年（昭和10）頃の大家族の倉嶋家。後列右から２人目が父（61歳）、最右端は母（52歳）、中央は長兄で後に長野市長を務めた。父の前に立つ帽子の少年が筆者（11歳頃）。

1943年（昭和18）。中央気象台付属技術官養成所本科２年生の頃、19歳。

1940年（昭和15）。旧制長野中学校５年生、16歳。

しかしカブト虫はまだたくさん残っていると人は思う。集団にしか名前がないとそういうことになる、と父は言いたかったのだと気づいたのは、七年後に軍隊に入ったからである。

一九三七年の夏は、その後の八年間の戦争が始まり、軍歌『露営の歌』ができた。十三歳の少年が「東洋平和のためならば、なんで命が惜しかろう」「夢に出てきた父上に、死んで帰れと励まされ……」と歌うと、「そう言う親がどこにいる」と父はつぶやいた。

父は「天上天下唯我独尊」という誕生仏の気負い過ぎたように感じられる言葉を、生きとし生けるものすべて「天にも地にもただ一つである」と解していたのだ、と私は今にして思う。

◆和して同ぜず

昔の六十歳代は今の八十歳代ほどに老年だった。若い頃は「猛《たけ》き人」だったそうだが、父はすっかり角がとれて覇気を失い、言動に「人生の諦観」が漂っていた。その父が、孫ほどの年齢差のある、身体の弱く神経の細い私に、さりげなく語った教訓のいくつかが、今も心に残っている。

「世の中に出たら、価値観の違う人と一緒に仕事をしなければならない。人はみな違う物差しを持っている。お前がいま正しいと信じている物差しは、通用しない場合が多い。そんな時は当分、和シテ同ゼズでいくんだな。心ならずも相手の物差しに従って起こった悪い結果も、お前の責任になる。そんな時は後悔してもしきれない。自分の信じる物差しは上手に貫き通せ。決裂したり命をかけたりするのは、最後の最後の時だけだよ」

これはある意味で「面従腹背」の教えであった。当時の軍国主義の潮流に合わなかった私には「いまに物差しの違う時代が来る。それまでなんとかがまんしよう」と思わせてくれた教えであった。

「幸・不幸を他人と比べるな」「得意な時は淡然、失意な時は泰然としていなさい」「あきらめるとは物事の道理を明らかにして心を平穏に保つことだから悪いことではないよ」などの教えも、父は自分自身の実感として語った。

◆心配事を縦に並べる

十七、八歳のころ、私はひどい神経症にかかった。錯乱寸前に見えた、と周囲の人が話してくれた。その時、父は「お前の心配事を縦に並べられないか」と言った。紙に一本の時間軸を引き、一番近い心配事から順々に遠い心配事を書いていく。すると、心配事は縦に並ぶ。「いまのお前は横に並んだ敵に攻め立てられて、なにもしないでおびえているだけだ。縦に並べれば、当面は一人だ。それと闘って、また次と闘う。闘い続けて、お前が敗れたとしても、それは仕方ないではないか」「どうしても縦に並ばないときは、お前が病気か、社会や時代が病気の時だ。自殺ということもあるだろう。周りの人は発熱や痛みの訴えがないので気がつかないが、自殺した当人にとっては、長くて重い病気の後の死なんだよ。だが言っておくが、子を死なせた親の辛い悲しみだけは、もう勘弁してくれよ」

父はすでに何人かの子を亡くしていた。

◆観音様と母

私の母、倉嶋あきは一八八三年（明治十六）に生まれ、一九二四年（大正十三）、四十一歳で九番目の子の私を生み、その二年後に弟を生んだ。父は、一九一八年（大正七）に倉嶋あきの後ろ盾となって長野婦人会を作り、機関紙『信州婦人』をもち、信州婦人夏期大学を作り、大正デモクラシーの年代に有馬頼寧《よりやす》、山田わか、市川房枝、帆足《ほあし》理一郎夫妻など、当時の新しい思想の講師を招いて勉強していたらしい。

母は私の生まれる前の一九二二年から二三年にかけて、次男、四女、長女の三人を失い、さらに一九二八年（昭和三）に三女を亡くしている。いずれも結核であった。私の家は〝肺病の系統〟だと噂されていた。後年、私がＮＨＫの解説委員として講演会の講師を務めた後などで、「あの方は貴方に関係がありますか」と実業界の名のある方や、幸せそうな老婦人から、死んだ兄や姉のことを尋ねられた。「成績抜群の美しい方でした」。兄や姉は旧制高校や高等女学校在学中に死んでいる。母は人も羨むような子持ちから、一挙に地獄に突き落とされたのだ。

結核で床に就いた長女に、母は死の不安を感じさせまいとして、一途に死後の世界の存在を語り聞かせたらしい。花が咲き、鳥が鳴き、芳しい木の実がみのり、もはや病気や死の心配のない世界……たぶん、仏教の極楽を、そのように表現して、語りに語ったに違いない。

「寂しくはないわ、お母さん、やさしい如来様のところへ行くんだものね」「そうよ、治子《はるこ》、後からお母さんも行くからね」

臨終の時の会話が、そのようなものであったと、母が他人に語っているのを聞いた。「あの子は、極楽が本当にあると信じて死んだ」と母は語った。が、誰よりも強く極楽があると信じた、いや信じたかったのは、母自身ではなかったかと思う。

観自在菩薩　行深般若波羅蜜多時……母は毎晩、観音像の前で読経した。半狂乱の後で、たいへん信心深くなったのに違いない。母はその信仰を子供にも他人にも強制しなかった。わが子との死別は、誰にもあり得ることで特別のことではなく、その悲しみは、結局、自分一人が背負い、癒していく以外にないと感じたとき、観音様が母と一緒に歩いてくださったのだと、今の私は思う。

◆父からの通信

私が三十歳のころ、「厚、死んだら、向こうに世界があると思うか」と八十歳の父が問いかけてきた。「ないと思うよ。大気や大地に還元されるだけじゃないかな」と答える地球物理学を学んだ子に父は「私が向こうに行ったら、全力をあげてお前に通信してみるから、お前も受信してみないか」と提案し、私はその実験に同意した。

その後、約五十年、父の通信は一度も届いていない。しかし眠られぬ夜、「お前の心配事を縦に並べられないか」と自問自答することは、数知れずあった。いまの私は、その時、父は浄土から私に、心からの「人生の応援歌」を送ってくれていたのだと、思うことができるようになった。

（月刊『寺門興隆』二〇〇七年七月号、興山舎刊）

私の「駆け出し時代」

「あの人は威張って天井を向いてゆっくり歩いて挨拶に来たが、翌日から背中を丸めて廊下を駆け出した」……一九八四年（昭和五十九）四月一日付けで約四十年間勤めた気象庁を満六十歳で定年退職し、翌二日からＮＨＫ・ニュースセンター９時（ＮＣ９）の気象キャスターとして働き始めた私を、報道局の女性ディレクターがこのように評したという。

気象技術者としての「駆け出し時代」は六十年以上も前、海軍航空隊の初級技術士官の頃だが、往事は渺茫《びょうぼう》として記憶に具体性を欠く。そこで二十余年前の「ＮＨＫの廊下を駆け出した時代」について書いてみたい。

気象庁での最後の職務は鹿児島地方気象台長だった。長年、職階制の「頭打ち」に遭っていた私は、定年間際にようやく念願の気象台長になれた。前任者は「部下に問題提起しても直ぐには返事はこない。でも必ず返ってくるからイライラするな」と忠告した。

そのころ東大教授の辻村明さんの文章で、ソーシャルスピードという言葉を知った。これは各地域や組織に特有の、物事の決定や実施、流通などの速度をいい、その指標の一つとして、県庁や市役所の前を歩く人の平均速度が採用されていた。それによると最速は大阪の秒速一・六〇メートル、二位は東京の一・五六メートルで、最も遅いのは鹿児島の一・三三メートルだった。その鹿児島で、緩《ゆる》やかなスピードゆえに可能な人情のこまやかさや親切に恵まれて二年間を過ごした私にとって、放送現場の目まぐるしさはまさにカルチャーショック、廊下を駆け出すのは必然だった。

三日目の朝、起き上がろうとすると、天井がぐるぐる回り床にどんと倒れた。間もなく円形脱毛症の徴候が現れた。新しい職場で早く名をあげたくて、毎日百点を取ろうと緊張を続けた結果である。以後は「毎日落第点をとるまい、人生七十点主義でいこう」と思うことにした。ただし、これを続けると、出演者の能力を峻別するチーフプロデューサーが「マンネリだ、辞めてもらおう」と言い出すから、彼が首を傾げるころを見計らって、ピッカピカの百点をだすことに努めた。が、「タイミングよくピッカピカ作戦」は、言うほどに容易ではなかった。

私はＮＨＫに「天気予報は重要な生活・防災情報であり、その日の天気や季節感は社会部ニュースだから、専従のディレクターを決めてニュース番組として毎日きちんと制作すること、他のニュースのしわ寄せで時間枠を短縮しないこと、気象庁ＯＢの第二の就職扱いではなく、解説委員の待遇をすること」などを求めた。私が会ったNHKの「偉い人」は、すべてを了解したうえで「貴方の失業救済をするつもりは毛頭ない。成果が期待以下だったら辞めていただく」という意味のことを上手に言った。私はその言葉に爽快感を感じ、「たかがお天気、されどお天気。六十歳過ぎての真剣勝負だァ」と一所懸命に駆け出した。円形脱毛症もまた必然だった。

「テレビの天気予報にルネサンスが起きた」という声が局内で出始めた頃、親子ほどに年齢の違う若いディレクターとこんな会話を交わした。

「評判がよくなっても、ライトを浴びるのは私だけで、君は縁の下の力持ち役。それで不満はないの」、「いいえ、この番組は私が作っていると思っていますから」、「部内ではちゃんと君の仕事として評価してくれているのだね」、「大丈夫です」、「つまり私は君の掌のうえで踊っているわけだ」、「踊れる人と踊れない人がいます。先生は時々びっくりするほど上手に踊ってくれます」。

後年、NHKテレビの傑作番組で、最後に記されている制作者の名を見て、思わず「おう彼だ！」と声を上げた。私は多くの「忘年の友」に恵まれたと思う。『大漢和辞典』（大修館書店）には「忘年の友」は「相手の才學を敬重して交はる友。年長者から年少者に對していふ」とある。

もちろん「辞めようか」と思ったことも何回かあった。ある日廊下で、大河ドラマの収録の

1987年（昭和62）、NHKのロケでオホーツク海の流氷の上に立つ。後方は砕氷船ガリンコ号。63歳。

1996年（平成８）４月の朝食風景。厚71歳、妻・泰子67歳。妻は翌年６月に胆管細胞ガンで急逝した。（写真：馬場隆）

ために農民の姿になっている俳優の故・大坂志郎さんが私を呼び止めた。

「倉嶋さん、あなたの天気予報を楽しく見ています。複雑なことを分かりやすく短く話してしまうと、普通の人は、あんなのは誰でもできる、と思うかもしれません。しかし私は役者だから分かりますが、あれだけなさるには、さまざまな工夫やご苦労がおありになるのでしょう。これからも良いお仕事をなさってください」

しょんぼりと下を向いて歩く私の心の落ち込みを見抜いて、知人でもない私に声をかけてくれた大坂さんは、誉めて「やる気」を起こしてくれる「愛語の人」だった。

人生の長期予報は気象の長期予報よりももっと当たらない。私はその後思いがけなく、日本気象協会・岡田賞、運輸大臣交通文化賞、第一回国際気象フェスティバル（フランス）・ベストデザイン賞、ＮＨＫ報道局長感謝状、ＮＨＫ放送文化賞、日本気象学会・藤原賞などを受けた。その「駆け出し時代」を振り返って、実に多くの「忘年の友」、「愛語の人」に育てていただいたと、しみじみ有り難く思っている。

（『文藝春秋 SPECIAL 二〇〇七年 AUTUMN 季刊秋号・特集「私の駆け出し時代」』二〇〇七年）
※原題は「「忘年の友」「愛語の人」」

人生通日
——七月一日が来るたびに——

毎年七月一日またはその前後の日の朝、柱の「日めくりカレンダー」が半分に痩せているのを見て、さまざまなことを思ってきた。そのいくつかについて書いてみたい。

「通日」が記されている暦がある。通日とは一月一日を起点にして数えた日数をいい、七月一日は一八一、七月二日は一八二、七月二日は一八三である。一年三六五日の半分は一八二・五日だから、七月二日で一年の半分が過ぎたことになる。昔の諺にも「六月晦日《みそか》は年の臍《へそ》」というのがあった。

この過ぎ去った半年を、長かったと感じるか、短かかったと思うかは、人さまざまであろう。が、一般に人は月日の立つのは早いと感じる方が多いようである。昔の諺にも「一月往《い》ぬる、二月逃げる、三月去る」、「朔日《ついたち》ついと立つ、二日ふいと立つ、三日見えぬ間に立つ」とあり、清少納言は「枕草子」で「ただ過ぎに過ぐるもの　帆かけたる舟。人の齢。春、夏、秋、冬。」と記している。高浜虚子の句にも「松過ぎてまたも光陰矢のごとく」というのがあった。

一方、時間の心理的な長さは、その時のその人の「生き方の濃さ」によって異なる。誰にも人生に何回かは、国や会社や個人の浮沈をかけて懸命に努力を続けた「わが生涯の最も長かった日《ザ・ロンゲストデー》」があるのではないだろうか。

暦では一年中で日（昼間）が最も長い日は六月二十二日の夏至である。歴史年表を開くと、その夏至の頃が「ザ・ロンゲストデー」だった人がたくさんいる。永禄三年（一五六〇）五月十九日（現行暦に換算すると六月二十二日）、二十七歳の織田信長は「人間五十年、下天《げてん》のうちをくらぶれば、夢まぼろしのごとくなり。一度生《せい》を得て滅せぬ者のあるべきか。」と謡《うた》って舞った後、決然、桶狭間の今川義元の大軍に突進した。

その二十二年後の「本能寺の変」は現行暦の七月一日。その数日前、明智光秀は「時は今あめが下しる五月《さつき》かな」と詠んだ。一八一二年六月二十二日、ナポレオン、ロシアに侵攻、一九四一年同日、ヒトラー、突如として対ソ戦争開始、四四年六月六日、連合軍、ノルマンディーに上陸、四五年六月二十二日、沖縄日本軍、通信途絶、二十三日沖縄慰霊の日。ただし沖縄県民を巻き込んだ日本軍の米軍に対する戦闘は、その後も続いていた。

多くの俳句歳時記で夏至の例句に故・轡田進さんの「夏至といふ寂しさきはまりなき日かな」が載っている。二十年程前に轡田さんにお会いしたとき、沖縄戦に関係ありますかと尋ねたら、「いいえ、若い頃の、夏至の日の、ある思いです」ということだった。

唐詩では権徳輿《けんとくよ》が「夏至の日に作る」で、照り輝く光を誇っている方々に申し上げるが「今日一陰生ず」と結んでいる。中国の月令は、陰陽争い死生分かれる夏至には、君子は「躁《さわ》ぐことなかれ」といましめている。

時の速さの感じ方は年齢によっても大きく違うようである。イギリスの作家ギッシングは「時が立つのが早いと思うのは、人生というものがそろそろ解《わか》ってきたからである」という。そしてフランスの心理学者ポール・ジャネーは「生涯のある時期における一定時間の心理的長さは、年齢の逆数に比例する」という説を提唱した。これによれば十歳の頃に感じた一時間を六十歳の人は十分にしか感じないことになる。そういえば子供の頃の一日は実に長かったような気がする。


「その頃の長き日この頃の短き日」（虚子）

は、ジャネーの法則の俳句的表現といえそうである。

生まれた日からの通日を「人生通日」と呼ぶならば、人生八十年は閏年が二十回あるとして二万九二二〇日である。その他にも「二人で再起を誓い合ってから何日」という「人生通日」があってもよい。

辞書には「数え日」という言葉も載っている。「その年内の残りの日を数えること。また、その残り少ない日」（『広辞苑』）である。「もういくつ寝るとお正月…」は童謡で、「数え日は親と子のとは大違い」は古川柳である。大きいイベントの計画があると「××まであと○○日」という「残り通日」が電光掲示板などに表示される。

人もまた、それぞれの人生の「残日計」を持っているが、そのカウント・ダウン・ボードの値は誰にも分からない。分かったら、とても耐えられないであろう。

私はいま八十三歳六カ月。少なくなった「人生の残り通日」を丁寧に過ごそうと思う。

（『青淵』七〇〇号・渋沢栄一記念財団刊、二〇〇七年七月）

※原題は「七月一日の思い出―「人生通日」について」

まず、その窓を開けたまえ

――ある方からのお便りに返信――

昨年（二〇一〇年）十一月五日付けのメールを頂きながら、返事が遅れて失礼しました。貴方様からは、この年の三月六日夜、私の著書を原作としたテレビ朝日のドラマスペシャル「やまない雨はない」が放映された直後にもメールを頂いていました。しかし、あのときは全国の皆様から、あまりにも多数のメールがどっと届いたものですから、個々のメールに御返事できず、私のホームページで一般的なご挨拶をしただけで失礼しました。

そのときと比べて身辺に大きい変化があったことを、今回のメールで知りました。貴方様のお便りは、「何かアドバイスをいただければ、幸いです」と結ばれていましたので、私の考えを記そうとしたのですが、このところ私も「軽鬱状態」にあり、一向に筆が進まず、毎日少しずつ書いて、今日にいたってしまいました。以下に、やや長々と記したことが、ご参考になればと願っています。

精神科医はどういうかわかりませんが、私は自分の経験から「うつ病」には「完治」ということはないと思っています。「うつ病」にかかり易い性格や「物の考え方」には、生まれつきのものが多く、薬で当面の苦しみは治っても、再起の道を歩み始めると新しい環境に適応できず、再発しやすいのではないでしょうか。

私の書棚には「心の病」についての専門書や解説書が多数ならんでいますが、それらの著書には、「うつ病」になりやすい性格として、几帳面、真面目、律儀、熱心、勤勉、責任感（特に自責感）が強い、周囲に気を使う、とあり、どちらかといえば「良い人」が「うつ病」になるようです。

しかし朝日新聞医療グループ編『うつを生きる』（朝日新聞、二〇〇七年刊）には、「うつ病」になりやすい人は物事を認知するのに、つぎのような「ゆがみ」がある、と記されています。①一つの失敗や嫌なことだけを理由に「一事が万事」と考える、②自分に関係ないことまで自分の責任だと考える、③はっきり根拠のないまま結論を急ぎ、否定的に考える、④物事をすべて、白か黒かで考える、⑤「～すべきだ」「～しなければならない」と考える、⑥自分の欠点や失敗を過大に考え、長所や成功を過小評価する、⑦客観的事実ではなく、自分の感じ方で状況を判断する。

私はこれらの「認知のゆがみ」が自分に当てはまることを納得しました。そして、これは、取り越し苦労、完全欲、潔癖、過敏などといわれてきた性格に通じるものだと思いました。なお、私の場合、日常生活の対処に幼弱性があり、妻や友人などへの依存心が強く、助けてくれる人を探すという性格があるように思います。極端な場合は「周りの人が自分を助けてくれるのが当たり前」という認識があり、期待する「助け」がない時は「被害を受けている」と考えてしまう場合もあったように思います。

私は今、いいようのない暗い憂鬱感の洞穴におちこみ、なにをする意欲も起らない時、大きく腹式呼吸を何回もし、自分自身の考え方の「ゆがみ」に起因するストレスを自覚し、あせらずに物事を考えて、ゆっくりと行動するようにしています。また周りの人に正直にSOSを発信しております。そして、それに応答してくれる多くの人に恵まれてきました。本年八十七歳の私は、「来し方」を振り返って、迷っていたころに受けた多くの「人の恩」を、今更のように気付くのに驚いています。

私は「うつ」は闘う病気ではない、と思っています。泣き喚きながら、まず「うつ」を上手に受け入れてしばらく共存しているうちに、「うつ」はだんだんが降参していく。そういう「闘い」であって、「命がけの短期決戦」をしてはいけないと思うのです。

安静と薬で治療する「頑張ってはいけない」期間が過ぎたら、「立ち直り」の段階にはいるわけですが、私はこの段階が最も難しい道程だと思います。この場合、観念的な理想主義を捨てることが大切だということを経験しました。些細なことを気にして肝心な事を忘れるなど、物事の軽重の判断が乱れるのが「うつ病」です。一〇〇点満点で立ち直ろうとして、「うつ」に戻ってしまったことを何回も経験しました。そして私は「人生七〇点主義者」になりました。一番重要なことだけやればよくて、やり残しは気にしないようにしています。「あきらめる」という言葉に対して、われわれの年代は敗北という感じを持ちますが、本来は「明（あきら）める」で、物事の事態、道理を明らかに見て、納得することです。

「他人と見比べるな」という教訓も助けになりました。「うつ病」の時は、他人の持っている有利な条件と比べて自分に欠けていることばかりを気にして、自分の恵まれた条件に気付かないことがよくありました。

私は少年時代から「うつ病」を繰り返してきました。いま振り返ると、何回か「うつ病」を通りぬけることができたのは、自分の性格や認識の「ゆがみ」を完全に克服した後に物事を行おうとするのではなく、そのような自分の欠点に「とらわれず」、「こだわらず」、とりあえず棚上げして、当面の「なすべき仕事」に具体的に取り組んで没頭し「踏ん張った」からだと思います。そんな時、自分に言い聞かせるために、こんな詩を作りました。

まず、その窓を開けたまえ、
泣きながらでもいいから。
お前がうぬぼれるほど、
世間はお前を注目していないし、

お前が恐れるほど、
世間はお前を見放していない。

「心配事を縦に並べろ」という亡父の教訓も役に立ちました。「当面の心配事も、ずっと先の心配事も、区別なく横に並べると、あれもこれも気になって、心が休まらない。時間順、重要順に縦に並べれば、心配事は一つ。それを一つずつ片付けてゆけばよい」

「うつの時は大事な事は決定するな」という教えにも救われました。時々、物事の決定、実行が面倒になり「えーい、やめちまえ」「えーい退職しちゃえ」「えーい離婚しちゃえ」というような衝動がおこります。その清算主義の最たるものが自殺です。そういう衝動がおこったら、とりあえず一分、とりあえず一時間、とりあえず一日、とりあえず一週間と決定を先延ばしする。そうすると思いがけなく物事が良い方に展開します。そういう自己防御が必要です。

私は平成九年六月に妻を亡くして重い「うつ病」にかかり、その年の暮れに自殺を何回か試み、周囲の人が気付いて精神神経科で約五ケ月の入院生活をして復帰し、その後、五冊ほどの著書の刊行や数一〇回の講演などをすることができるようになり、死を考えたときには思ってもみなかった「人生の展開」を経験しました。その間の経過や感想は『やまない雨はない〜妻の死、うつ病、それから〜』(文春文庫)に書きました。お読みいただければ幸いに存じます。

(すでにお読みくださっているかもしれませんが…)

「うつ病」の態様も人により千差万別です。この手紙を読み返してみて、貴方には「押し付け的なお説教」と感じられるかもしれないと思いました。年齢的に貴方は、私の壮年時代よりもずっと厳しい格差社会で働いておられるからです。

以上、お役に立ったかどうかわかりませんが、私が現在書けることを記してみました。貴方のメールには「なんか、妻に申し訳なくて、とても悲しいです」と記されていました。そういう奥様がおられることを知り、私はほっとしました。おふたりで心から話し合いをなさる機会が多いことを祈念しております。

最後に「うつ病」で冗談にでも「自死」を考えられたら、主治医、カウンセラーを含めて周囲の人に、何回でもSOSを発信し続けてください。死んではいけません。

そういう私は本年、満八十七歳。死は目前にあり、やはり一抹の寂しさを感じています。「軽うつ状態」の中で、毎日少しずつ書いて、約三ケ月がかりでようやく書き終えました。寒さの厳しい折から、くれぐれも御身、ご自愛ください。

(二〇一一・一・二六)

Ⅱ　故郷の空を思う

※本章は『読売新聞』長野県版に二〇〇二年より連載を続けている「倉嶋厚の季節アルバム」で構成しました。

柱が細る

〈寒の内〉

ホワイトアウト

テレビの雪国の映像を見てホワイトアウト（whiteout）という言葉を思い出した。この言葉は吹雪や地吹雪による視界の悪さをいう場合もあるが、本来は、地表面が一面、雪や氷に覆われ、全天に薄い雲が広がっている時、雪氷面や雲から乱反射される白光が空間に満ち満ちて、物の影も地平線も分からなくなり、高低や方向の感覚が失われる状態をいう。極地方でよく起こり、この空間に入ると、パイロットも方向感覚を失い航空機事故を起こすという。

これと対照的なのは、ブラックアウト（blackout）。英語の辞書によれば灯火管制、舞台の消灯、飛行中の一時的視覚（意識）喪失、記憶喪失、一時的抹殺などの意味があり、湾岸戦争時のアメリカ国防省の報道管制もブラックアウトと呼ばれた。ホワイトアウトはあり余る情報（光）による混沌《こんとん》、ブラックアウトは情報不足による状況不明といえる。

話は変わるが、新潟県の方言を解説した『生きているお国ことば』（ＮＨＫ新潟放送局編・大橋勝男著）に、林明男《はるお》著『魚沼の郷《さと》・雪のことば』からの「しろとみ」または「しらとみ」という言葉が紹介されている。これは道も野原も雪で区別がつかなくなる状態をいうらしい。ホワイトアウトとはメカニズムが別かもしれないが、語感も、方向感覚を失う点も似ている。

魚沼地方は奥信濃に連なって北北東に広がる豪雪地帯で、信濃川を上流の千曲川の名で呼んでいる人がいるとか。同様に奥信濃でも「しろとみ」に共感する人が多いに違いない。

（二〇〇六・一・六）

春の七草

七草粥《ななくさがゆ》に入れる伝統的な「春の七草」はセリ、ナズナ、ゴギョウ（ハハコグサ）、ハコベラ（ハコベ）、ホトケノザ（タビラコ）、スズナ（カブ）、スズシロ（ダイコン）。しかし寒い信州では春に近い旧正月の七日（二月十五日）になっても、全部そろえるのは難しい。

長野県鬼無里村教育委員会編『鬼無里の年中行事』（二〇〇一年刊）によると、七草行事は今も行われており、年神様や仏壇に供えるのは、七草粥か、「みそうず」と呼ぶ炊き込み御飯で、いずれも芹《せり》、蕪《かぶ》、大根、人参《にんじん》、牛蒡《ごぼう》、白菜、野沢菜、豆、米、餅《もち》、粟《あわ》、黍《きび》、稗《ひえ》、昆布、若布《わかめ》、味噌《みそ》などの中から七種を選んで使っているという。

ＮＨＫテレビの取材で小川村の農家に行き、地中に蓄えてある野菜を、雪を掻《か》き分けて取りだし「おやき」を作ってもらったことがある。長野気象台で地中温度を観測していた時代の統計では、一月の平均気温のマイナス一・七度に対し五〇センチの地中ではプラス三・九度、一メートルは七・〇度、三メートルは一三・一度だった。

「嫁呼べば尻から出でし大根倉《だいこぐら》」（矢島一風、『信濃歳時記』）。春の七草も、真冬の土室《つちむろ》から取り出したのであろう。

十年ほど前にパック詰めの七草を栽培している関東南部の農家を訪ねた時、そこの主人がナズナを詰める手をふと止めて「七日過ぎればただの雑草《くさ》」とつぶやいたのが印象的だった。節供に間に合わなかった花の諺、「六日の菖蒲、十日の菊」に似ていたからである。

（二〇〇五・一・七）

二　寒気湖

二十年ほど前、鹿児島気象台長を務めていた時、冬の晴れた朝、宿舎周辺の気温を測定してみたら、宿舎の芝生では五・二度で、八〇メートル下の谷底は〇度だった。静穏晴夜にしんしんと冷え重くなった空気が流下して谷に溜《た》まり、寒気湖（冷気湖）ができていたのである。毎朝の散歩で谷底から上ってくると急に暖かく感じる場所があり、気になっていたのだが、寒気湖から抜け出て湖畔の山腹温暖帯に入る所だと納得した。

後年、NHKの気象番組のロケで冬の奈良盆地に行き、早朝、畝傍《うねび》、耳成《みみなし》、香具《かぐ》の大和《やまと》三山や雷丘《いかずちのおか》が霧の海に浮かぶ小島のように見えた時、車の窓から電子温度計の感部を出しながら、盆地周辺の高さ八〇メートルの山腹まで登ると、気温は麓《ふもと》より四〜五度も高くなった。霧は盆地一面にできた寒気湖の「水面」にたなびいていたのである。

兵庫県の民謡「デカンショ節」の歌詞にも「丹波篠山《ささやま》山奥なれど霧の降る時ァ海の底」とある。

冬の朝は関東平野も寒気湖になり、筑波山の山腹温暖帯（高さ約二〇〇メートル）では麓の民家に比べて掛布団が一枚少なくてすむといわれてきた。またミカンの経済的栽培の北限は神奈川県だが、ここでは筑波ミカンの果樹園があると聞いた。

地形の起伏の多い信州では、晴れて風の弱い冬の朝はいたる所に寒気湖ができているに違いない。手元の『御代田町誌・自然編』には「佐久平は岩村田あたりの低地を中心に冷気湖ができやすい」と記されている。

（二〇〇四・一・九）

寒行、寒声、寒立ち

一月六日の小寒が「寒の入り」、二十日の大寒を経て二月三日の節分までが「寒の内」、二月四日の立春で「寒明け」になる。

日本人の「寒の内」の暮らしぶりを表す昔からの言葉がたくさん残っている。たとえば「寒食い」「薬食い」は、「寒の内」にシカ、イノシシの肉など滋養のあるものを食べて、寒さを乗り切ることを表したもので、寒ブリ、寒ボラ、寒カレイ、寒ブナ、寒ゴイ、寒ハヤ、寒卵、寒八つ目（ヤツメウナギ）、寒スズメなども薬食いの対象であった。

寒さに積極的に立ち向かう修行の言葉に、寒行、寒稽古《げいこ》、寒復習《ざらい》、寒念仏、寒垢離《ごり》、寒参、寒詣、寒中水泳（寒泳）、寒相撲（寒取り）などがある。寒声は歌を謡《うた》う人や読経をする僧侶が「寒の内」の早朝や夜中に喉《のど》をきたえるために行う発声練習、またはその声を指し、寒弾《びき》もやはり「寒の内」の早朝または夜ふけに行う三味線の稽古をいう。ただし以前にＮＨＫテレビの「季節の旅人」を受け持っていた時、寒声、寒弾のカメラ取材をしようと調べてみたが、そんな言葉は知らないと言われてしまった。本県では「寒の内の暮らしの言葉」が現在、どのくらい実際に使われているだろうか。

カモシカが冬、高い岩の先端で微動もせず何時間も立ち続けることを「寒立ち」と呼ぶと聞いた。理由は動物学者も分からぬというが、凝然と孤独に耐えている雰囲気が感じられる。人生にもまた「寒立ち」しなければならぬ時があるのではなかろうか。

（二〇〇三・一・一〇）

爆弾低気圧

天気図の勉強をし始めた若いころ、新聞天気図を切り抜いて一〇一二ヘクトパスカル以下の区域を赤鉛筆で塗ってノートに貼っていた。すると日本付近に弱い低気圧が現れて小さい赤団子ができると、それが北東に進んで、二十四時間で中心気圧が三〇〜四〇ヘクトパスカルも下がり、日本近海に突然、大きな赤い玉ができ、低気圧が爆発したように感じることがよくあった。

後年、米国の気象学会の雑誌で、中心気圧が二十四時間に二四ヘクトパスカル以上も下がる温帯低気圧を「爆弾」と名付け、その性質を調べた論文を読んだ。それによると、「爆弾低気圧」は日本や米国の東の近海と太平洋中部で、冬を中心に秋から春にかけて多発し、特に海面水温の南北差の大きい海域でよく「爆発」するということだった。

今年の冬のように、日本付近で低気圧が頻繁に「爆発」すると、強い西高東低型が持続し、記録的な寒冬・豪雪になる。

ただし爆弾低気圧の卵が日本の西に現れたときは、冬型気圧配置が一時的に緩み、豪雪地でも半日ほど日が差す。そして山小屋で吹雪に閉じ込められていた登山家が、この晴天に騙《だま》されて行動を起こし、半日後の低気圧の「爆発」による吹雪で遭難したりする。海でも、冬の凪《なぎ》は「半端凪」で、すぐ荒れるから騙されるな、と漁師はいう。第五代中央気象台長、藤原咲平博士（一八八四～一九五〇、諏訪出身）は「低気圧去ってアラシくる」という言葉で、爆弾低気圧後方の荒天への警戒を訴えている。

（二〇〇六・一・一三）

二　お誕生時化

平均的にみると冬の天気は、初冬、真冬、春隣《はるとなり》の三期間に分けられる。初冬は小春に続く穏やかな寒さだが、年末ごろ、真冬の厳寒に急変する。

その転換を起こすのは、日本付近で急激に発達する低気圧で、私の気象庁勤務時代の予報官は年末低気圧と呼んで年末年始の交通混乱や大雪による過疎地の孤立などを起こす荒天を警戒した。ヨーロッパにも「クリスマスの荒天」の言い伝えがある。

馬瀬良雄著『信州のことば―二十一世紀への文化遺産』(二〇〇三年刊)に奥信濃の豪雪地域・秋山郷の雪の方言として「大師荒れ(デァーシアレ)」が挙げられている。旧暦十一月二十三〜二十四日(現行暦の十二月下旬)の大師講に吹雪になるという伝承は信州、東北・北陸地方の各地にあり、弘法大師の温情にまつわる独特の民話が伝わっている。ただし民俗書によれば大師講の大師は弘法大師ではなく、冬至のころ天からくる「新しい年の子」を指したものという。とすれば「クリスマスの荒天」と似ている。長崎県五島には「お誕生時化《しけ》」という「かくれキリシタン」の言葉が伝わっていると聞いた。

さていまは「寒の内」。しかし来月四日は早くも立春。「寒参りに汗をかく」「小寒の氷が大寒に解ける」などと昔の天気俚諺《りげん》にあるが、信州でも厳寒の中での光の強まりなどに、ふと春隣を感じることがあるかもしれない。

(二〇一一・一・一五)

柱が細る

「しんしんと柱が細る深雪《みゆき》かな」。ドカ雪の夜は積雪の重みで柱が軋《きし》む。この家は雪の重みに耐えられるだろうかという思いが「柱が細る」という表現になったのであろう。作者の栗生純夫（本名・神林信治）は一九〇四年（明治三十七）、長野県須坂に生まれ、四六年『科野』創刊、一茶の研究に成果をあげ六一年死去。一月十七日は純夫忌である（『信濃歳時記』長野県俳人協会編、一九八四年刊）。この句と対照的なのは「夜の柱肥《ふと》るは深雪くるならむ」（稲島帚木）。近づく深雪に備えて柱が肥っていると感じたのであろうか。

少年時代の長野市の生家には長い板廊下があり、しんしんと冷える夜は時々、ギーギーと人が忍び足で歩くような不気味な音を立てた。低温による木材の収縮で発した音であろう。

一九八六年から二年間、長野気象台長を務めた友人の時田正康さんは、晩秋・初冬の夜、単身赴任の宿舎の隣部屋に大男がいるようなミシミシという音が聞こえて恐ろしかったと書いている。これも気温変化による家鳴《やな》りであろう。東京のマンションに住む筆者も、春先、急に暖かくなった時、同様の経験をした。北海道では氷点下二〇度以下になると鉄筋コンクリートの住宅でクワーンという音が聞こえる。雨どいやベランダの手すりが収縮するためらしい。また氷点下二五～三〇度になると立ち木の水分が凍り、樹幹が割れて「凍裂」の音を発する。

いまは寒の内。柱が細り、家鳴りがし、「立ち木が泣く」季節である。

（二〇〇四・一・一六）

二　つべこべ草

書斎でふと考えた。蔵書のうち読んだのは全体の二割以下。昨日の誕生日で満八十六歳になった私の余命はいくばくもないから、多くの本が一度も開かれることなく、間もなくゴミになる。そんな思いで書棚の『難訓辞《じ》典』（一九〇七年刊）の復刻版を初めて取り出してみたら、『好言草（ツベコベグサ）』という書名が目についた。『随筆辞典』（東京堂出版、一九六一年刊）で調べたら、田宮橘庵著の『つべこべ草』（天明六年＝一七八六年刊）が、これにあたるらしい。徒然草に模した滑稽《こっけい》文学で、伊那谷出身の江戸の宗匠、大島蓼《おおしまりょう》太《た》の句で、人口に膾炙《かいしゃ》している「五月雨やある夜ひそかに松の月」より前に、「木枯やある夜ひそかに松の雪」（菊伍）があると指摘しているという。これについて、明治の文豪・幸田露伴も指摘している。

連想で話が飛ぶが、有名な中村草田男の「降る雪や明治は遠くなりにけり」の前に「獺祭《だっさい》忌《き》明治は遠くなりにけり」（志賀芥子）という少年俳人の句があった、と稲垣吉彦著『ことばの輪』（文芸春秋、一九八三年刊）で読んだ。

獺祭忌は正岡子規の忌日（糸瓜《へちま》忌《き》とも）。獺祭は獺《カワウソ》が獲った魚を食べる前に並べるのを祭っていると見立てた言葉で、「転じて詩文を作るときに、多くの参考書をひろげちらかすこと。

正岡子規はその居を獺祭書屋と号した」と『広辞苑』にある。
本稿を記す私の机上も、いささか獺祭模様を呈してきた。

（二〇一〇・一・一六）

窓霜・襟霜

子供のころ長野市の自宅では、寒い夜、窓ガラスの内側に、シダの葉に似た霜の華がたくさんついた。室内の寝息などの水蒸気が氷の結晶となって付着したものである。そこに爪で習い立ての英語の単語を書くと、その部分だけ氷屑《くず》が落ちて透明になった。この「窓霜」は外気温が氷点下六～七度以下になると見られるというが、室内の暖房がよくなった今はどうであろうか。昭和五十年代に北海道で暮らしていたが、二重窓だったから、見られなかった。シベリアでもホテルの二重窓では見なかった。

西武グループの故・堤操さんは大伴道子の名の歌人として有名な方だったが、八ヶ岳高原で「冬の花香もなく咲けりしんしんと凍《い》てふかき朝の窓の氷《ひ》の花」と詠んでいる。

窓霜は俳句・短歌では凍《いて》玻《は》璃《り》、玻璃氷紋、玻璃霜紋、窓《まど》氷《ひ》華《ばな》などの呼び名で詠まれており、『蝦《え》夷《ぞ》歳時記』の句には「凍玻璃の息の穴あけ駅名読む」（木村洉《こう》石）がある。

「水蒸気列車の窓の花のごと凍《い》てしを染むるあかつきの色」は石川啄木が旭川の駅で一九〇

八年（明治四十一）一月二十一日早朝に詠んだ歌。この朝、旭川は氷点下二七・一度まで下がった。

北海道の家の作り様《よう》がまだ本州式だったころは、氷点下二〇度以下になると寝息が凍って襟《えり》霜《しも》がついたという。「ま白にぞ布団の襟に凍てあるをあしたは見むかこの寒さはや」（小田信二）と『樺太歳時記』にも載っている。（二〇〇三・一・一七）

雪地獄の歴史

十二月の初めには「雪乞《ゆきご》い」をしたスキー場もあったのに、その後の豪雪は突然、「白魔」に変身した。「雪地獄父祖の地なれば住み継げり」（阿部諒村）。一九三八年（昭和十三）一月一日、新潟・十日町の映画館「旬街座」の天井が雪の重みと建築上の欠陥により落ち、八十八人の死者が出た。この惨事の跡に建立された「深雪観音」へ奉納されたのが前掲の句である。

「雪中の火災」はどうだろうか。消火栓が積雪下になってしまう問題がある。各家を取り巻く雪の壁は類焼を防ぐが、雪の壁に必ず十分な脱出口を作っておくのは、雪国の常識といわれている。嘉永六年（一八五三）正月四日（現行暦二月十一日）未明、秋田県の波宇止別《はうしわけ》神社の神官の家が焼け、広間に泊まっていた参拝客のうち百数十人が焼死した。建物の周囲の頑丈な雪囲いには、狭い出入り口が二か所しかなかったという。焼死者の遺骨は判別できず合葬され、大森町に「史跡・百人塚」が今も残されている。

次は「雪中の大地震」。寛文五年十二月二十七日（現行暦一六六六年二月一日）、積雪約四・五メートルの高田城下（現・上越市）に夕方、直下型大地震が発生。屋根雪で重心が高くなっている家屋の倒壊が多く、夕食の火が燃え広がり、大雪のため逃げ出すのも困難で、死者約一八〇〇人と伝えられている。

私は「三八豪雪」の防災気象情報業務に従事した経験があるが、今年、各界の人々が地域防災や生活確保に真剣に努力している姿をテレビで見て、深い敬意と感謝の気持ちを感じている。

（二〇〇六・一・二〇）

一　雪道の諺

一月九日から十二日にかけて強い冬型気圧配置が続き、関東平野は連日、青空の下を冷たい北風が吹き抜けた。そして北西部の山脈に居座っている雪雲も毎日見えて、長野県の北部に豪雪が続いているのがよく分かった。

それを見て私は「朝餉《あさげ》の道踏み、昼餉の道踏み、夕餉の道踏み」という信州の諺《ことわざ》を思い出した。北信では昔から豪雪時には毎日、村中総出で朝、昼、晩とカンジキをはいて雪を踏み、通路を確保してきたのである。そういえば『信濃歳時記』（長野県俳人協会編）にも「踏むよりは仕方なき雪積りけり」（小池星児）の句が載っている。

信州の諺かどうか分からないが、雪道については、こんな諺もある。

「雪道と魚の子汁は後ほどよい」…雪道は他人の歩いた後を通った方が楽だし、魚の子汁も後の方が美味《おい》しくなり、鍋底に沈んでいる卵をたくさんよそうことができる。

「雪道のバカが先に立つ」…みすみす苦労するのが分かっているのに雪道の先頭を歩む人を言ったものであるが、一人だけ独善的に気負っている姿を「雪道のバカ」とひやかしたのかもしれないし、買って出て思わぬ苦労を背負いこんでしまった自分を、ふと自嘲《じちょう》したのかもしれない。

私は一月十五日に満八十一歳の誕生日を迎えた。来し方をふり返って、良い仕事をしたなあ、と懐かしく思うのは、汗をかき、ベソをかきながらも、敢然と「雪道のバカ」になった時であることに気づく。

（二〇〇五・一・二二）

空凍《からし》み

長野市より北で雪の多い新潟市や高田（上越市）は長野市よりずっと寒いと、少年時代には思っていた。しかし後に気候表を見て、そうでないことを知った。

一月の日最低気温の平年値は長野が氷点下四・三、松本が氷点下五・五、飯田が氷点下四・〇、諏訪が氷点下六・一、軽井沢が氷点下九・〇度に対し、新潟は〇・〇度、高田は氷点下〇・八度で、朝の冷え込みは雪の越後の方がはるかに弱いことが分かる。これは後者が対馬暖流の流れる海に近く、また曇天が多くて夜間の放射冷却が弱いのに対し、信州の気候は内陸性で、海抜が高く、冬晴れの夜の放射冷却が強いからである。

『信濃歳時記』（長野県俳人協会編）で、「空凍み《からし》」という珍しい季語をみつけた。「雪のない状態での凍《い》てのことである。（中略）田畑は乾いたまま凍りつき、風は突き刺すように鋭い」と説明されている。しかし広辞苑や大辞林などには空っ風は載っているが空凍みは載っていない。また手元の俳句歳時記では、大野雑草子編『雨・雪・風を詠むために』を除いて、他の歳時記には採用されていない。たぶん信州に独特の季語ではないかと思う。

例句には「から凍みの夕焼残る八ヶ岳」（小林蛙石）、「空つ凍み切手逆さの手紙着く」（竹内正子）、「空ら凍みの路に吸殻《すいがら》踏みつぶす」（菊地光彩波）などが挙げられている。

寒天、氷餅、凍み豆腐などは空凍みの産物である。

（二〇〇四・一・二三）

インクびん凍る

ＮＨＫテレビの天気予報で全国のいくつかの地点の気温が地図上に示されるときは、長野市が含まれている。一九八四年（昭和五十九）に私が鹿児島地方気象台長を最後に気象庁を定年退職してＮＨＫの気象キャスターを務め始めたときは、長野市は含まれていなかった。が、間もなく長野市の気温が示されるようになった。「倉嶋さんが天気予報をするようになってから、長野市がはいった」と感謝のお手紙をいただいたこともあるが、実は私はこの点については関与していなかった。ありがたい誤解であった。その話は別として、毎日、テレビを見ていて、「周りの都市に比べて長野市は寒い所だな」とよく思う。内陸の海抜高度の比較的高い都市だからであろう。

長野市で過ごした少年時代の寒い朝、年老いた父が茶の間に現れ、「どうりで寒いと思った。インクが凍っている」とインクびんを振って見せた。少年時代は日記をつけていなかったので、その日を確定できないが、長野地方気象台の観測では一九三四年（昭和九）一月二十四日に最低気温の歴代第一位の氷点下一七度を記録している。この年は寒が明けた二月六日にも氷点下一四・四度を観測している。私が十歳、父は六十歳のときである。

「こほりたるインクの鬢《びん》を／火に翳《かざ》し／涙ながれぬともしびの下《もと》」は北海道・釧路での石川啄木の歌。彼は釧路に来る車中で「寂漠《せきばく》を敵とし友とし／雪のなかに／長き一生を送る人あり」と詠んでいる。

（二〇〇三・一・二四）

積雪を測る

気象台や測候所では積雪の深さは、通常、雪尺《ゆきじゃく》で測る。これは地面に垂直に立てた木製の柱で、センチメートルの目盛りが、遠くから読み取れるように白黒に塗り分けられている。その高さは、高田観測所（新潟県上越市）では四メートル、札幌気象台は二メートル、長野や鹿児島気象台は一メートルで、沖縄の気象台には雪尺が置かれていない。積雪の最深記録は高田三七七センチ、札幌一六九センチ、長野八〇センチ、松本七八センチ、飯田五六センチ、東京四六センチ、鹿児島二九センチで、沖縄の気象台、測候所では積雪は観測されたことがない。

遠隔地の積雪を測るための積雪深計もある。これは積雪面の上方の固定点から下方に発した超音波が積雪面に反射してくる時間から、積雪面の「高さ」を知る装置である。

水資源としての積雪を知るには「深さ」だけでは不十分である。同じ「深さ」でも雪質によって水量（重量）が違うからだ。そこで、ステンレス製の薄い板状の容器に不凍液を入れて地面に敷き、その上の積雪の重量を、容器内の液体の内圧の変化で測る積雪重量計や、地下に中性子計数管を埋設し、宇宙から降り注ぐ宇宙線が積雪によって吸収される量から積雪水量を測定する宇宙線雪量計などが考案されたりした。

高田城（新潟・上越市）の広場に高さ一丈（約三メートル）の雪竿《ゆきざお》が立てられ、積雪が一丈に達すると、米倉を開けて施米したとか。古歌にも「越《こし》の山たておく竿のかひぞなき日をふる雪にしるしみえねば」（大炊御門《おおいのみかど》右大臣家佐《すけ》、『夫木抄《ふぼくしょう》』）とある。「いくたびも雪の深さを尋ねけり」（子規）

（二〇〇六・一・二七）

二　煙の行方

少年時代の冬の朝、工事現場のたき火に近づくと、それまでまっすぐに上っていた煙が、突然、自分の方に向かってきて、「煙は意地悪だなあ」と思った記憶がある。後年、気象学を学び始めて、その理由に思い当った。たき火の近くでは空気が熱せられて軽くなり、上昇気流が起こっている。すると周囲からたき火に向かって空気が流れ込む。人が立つと、そこだけ周囲からの空気の流れが弱められ、煙は反対側からの風に流されて、その人に向かって来るのである。

諺《ことわざ》の辞書には、青森県上北地方の言い伝えとして「たき火の煙は男ぶりの良い方に行く」が載っている。たき火を囲むと話の花が咲くが、煙が向かってくると、そんことを言い合ったのであろう。室町時代の能狂言にも「煙も眉目《みめ》よい方ならでは靡《なび》かぬ」という句があり、英語でも「煙は美人の方へ流れる」と言う。後者はギリシャの喜劇作家アリストパネスの言葉に端を発するらしい（田桐大澄『イギリスのことわざ』）。

ドイツでは「暖炉が燃えれば話がはずむ」と言われている。事務所が木造建築で隙間風《すきまかぜ》が吹き込んでいたころは、ストーブを囲んで、よく話をした。仕事の能率は落ちたが職場内の人間関係は、その会話でうまくゆき、仕事のグッド・アイデアも生まれたように思う。

大家族の家の炬燵《こたつ》も話し合いの場であった。信州人の理屈好きは炬燵から生まれたとか。そんな炉辺の会話が懐かしい。

（二〇〇四・一・三〇）

二至二分と四立

「季節」が生じるのは、自転軸を公転面に傾けて公転する地球への太陽光線の差し込み方が、規則正しく年変化するからである。したがって季節の区分点として太陽の照らし方の特別な日が選ばれるのは、自然ななりゆきといえる。

その第一は短日《たんじつ》の極の冬至（十二月二十二日）、短夜《みじかよ》の極の夏至（六月二十一日）の「二至《にし》」

と、昼夜平分の春分（三月二十一日）と秋分（九月二十三日）の「二分《にぶん》」である。春分は黄経〇度、夏至は九〇度、秋分は一八〇度、冬至は二七〇度。黄経《こうけい》は天球上の太陽の年周運動（実は地球の公転）の軌道（これを黄道《こうどう》という）を三六〇度に刻んだ目盛りである。

東洋（中国文化圏）では、この二至二分を各季節の「中央点」と考えた。すると隣り合う二至二分の中間点が四季の境目になる。そこで立春（二月四日、黄経三一五度）、立夏（五月六日、四五度）、立秋（八月八日、一三五度）、立冬（十一月七日、二二五度）の「四立《よんりつ》」が設けられた。四立の前日は四季を分ける節分であり、年に四回あったが、今は冬と春に分ける立春前日だけが残っている。

東洋の区分は「昼間の長さ（光の強さに相当）」から見るとバランスが取れているが、寒さのどん底で春が始まり、暑さの絶頂で秋が立つことになってしまう。大気が光の変化に応じて暖まったり冷えたりするのに、約四十五日間（黄経四五度分に相当）の遅れがあるからである。

ヨーロッパの伝統的季節区分は二至二分を四季の始点と考え、春は春分から始まった。東洋は原因、西洋は結果を重視した四季区分といえる。

（二〇〇六・二・三）

光の春

〈立春の頃〉

一　雪崩作戦

一見、平穏に見える積雪が、実はぎりぎりの力の釣り合いで、斜面にしがみついている場合がある。そこにちょっとした刺激が加わると大崩壊が起き、雪崩《なだれ》になる。その刺激には、山の稜線にできている雪庇《せっぴ》の転落や、斜面を転げ落ちる雪の小塊が雪ダルマ式に大きくなるスノー・ボールなどがある。またスキーヤーの一人が転倒した瞬間、斜面の雪が幕を切ったように滑り出しグループ全員が死亡した例もある。

近年は雪崩の起こりそうな個所を早く見つけて、災害になる前に人工雪崩を起こしてしまう雪崩作戦が方々で行われており、専門の会社もできている。その専門家に聞くと、万一、雪崩に巻き込まれたら、手と脚を伸ばして、水中に落ちた時のようにバタバタともがいて泳ぎ、とにかく表面に浮かび上がれ、という。

話は違うが、物事には、気づかぬ間に内部的に積み重なった原因が一気に動き出して、ガラガラと崩れるように大きく変わることがある。そのような雪崩現象を、この数年間、政治や経済の場面で何回も経験した。そんな社会的な雪崩に巻き込まれた場合にも、全力を尽くして泳ぎまくる以外にないようである。

人の心にもなだれる物が積み重なっていることがある。「いま、この問題であの人の所へ行くなら、事前に念入りに雪崩作戦をしておいた方がいいよ」ということもあるだろう。また、自分の心の中の鬱積《うっせき》を、大事になる前に、自分で雪崩作戦をした方がよい場合もある。

（二〇〇三・一・三一）

二　光の春

一九五二年（昭和二十七）秋に結婚した私は、翌年の初夏に中央気象台（現在の気象庁）の集団検診で肺結核と診断され、通算三年近く療養生活をした。化学療法はまだ始まったばかりで、療法の主体は絶対安静であった。私はその時間にロシア語の独学をした。退院後、お茶の水のニコライ学園の夜学に通い、ロシア語の気象学の文献はかなり容易に読めるようになった。

そのころ送られてきた論文に、東京から約二六〇〇キロメートル北のマガダン市（ロシア）の気候学的季節区分に関するものがあった。それによるとマガダンの春は四月三日ごろから始まるが、その前に「光の春」が二月十五日ごろから始まると記してあった。二月十五日のマガダン市の日平均気温の平年値は氷点下一五度である。そのような極寒の中で感じる「光の春」の季節感はどんなものであるか、その後二度出張したモスクワの気象局で予報官たちに尋ねてみて分かった。寒さの中に光だけが日増しに強くなり、軒の氷柱《つらら》から最初に落ちる水滴の輝きを見て、春はまだ遠いが、光は確実にその到来を約束していると感じるのだそうである。

北信濃で育った私は二階の軒の氷柱から落ちる水滴が一階のトタン屋根を叩く音を聞きながら「冬が終わった」と思った記憶がある。

「遠き家の氷柱落ちたる光かな」（高浜年尾）

「梅二月ひかりは風とともにあり」（西島麦南）

「北風の中に光の粒子舞ひ立春間近きことを知らさる」（天野花江）

（二〇〇三・二・七）

二　夏型民家

「冬は、いみじうさむき。夏は、世に知らずあつき」（「枕草子」）

「家の作りやうは、夏をむねとすべし。冬はいかなる所にも住まる。暑き頃、わろき住居は堪へがたきことなり」（「徒然草」）

日本では寒暑の差が大きい。兼好法師が「夏をむねとすべし」と断じた背景には、次の事情があったと思われる。

①昔の農耕社会では労働と生産の季節は夏が中心で、冬はほとんど無為の季節であった（冬の屋内作業はあったが…）。②「夏の蚕は風で飼え」と言われるほど、養蚕には通風が必要だった。③暖房に比べると、冷房・除湿の技術は近年までほとんど未発達だった。④関東以西の平野部の寒さは厳しくなかった――。

外国の地理学者も日本の家を、「寒い冬を持つ地域の熱帯風住居」と表現している。しかし、寒さが厳しい北海道では、「北海道防寒住宅建設促進法」の制定（昭和二十八年＝一九五三）を契機に二重窓、断熱材、集合煙突、本格的な石油ストーブ、結露・凍害・屋根落雪などの対策が蓄積され始め、融資などにより冬型民家が普及し、冬の室内気温は全国で最も高くなっている。

「世界で一番寒いのは、冬の信州の民家だ」

信州出身のジャーナリストで探検家の本多勝一さんが、このような言い方でイヌイットの氷小屋（イグルー）の暖かさを表現したことがある。

信州でも積雪・寒冷地の住居の建築は改善されてきたが、この冬の記録的な寒さに、改めて「わが家の作りよう」を見直している人が多いにちがいない。

（二〇〇六・二・一〇）

オーロラ

一九九一年（平成三）二月十一日深夜、私はシベリア北部で、パリから成田に向かうＪＡＬ機の窓からオーロラ（極光）を見た。その出現を機内放送で知ったのである。地平の空が夜明け前のような感じで黄色や緑に美しく染まっており、フランスで行なわれた第一回国際気象フェスティバルで受賞した帰りの一人旅だっただけに、感慨はひとしおであった。

一九五八年（昭和三十三）二月十一日に長野気象台が、北の空にオーロラを観測した。私が見たのと日付が同じなのは偶然である。元長野気象台予報官・荒井伊佐夫さんの著書『信州の空模様』（信濃毎日新聞社刊）によれば、その日の午後七時五十分、長野市本郷の上野忠雄さんから気象台に第一報が入り、測風塔から見ると、空が赤味を帯びた光に染まっていて山火事のようだったという。

オーロラは地球外から入射する電子や陽子が超高層大気に衝突して、ネオン管の光と同種の原理によって起こる発光現象で、極地方で多いのは地球磁気の影響で突入粒子が北極、南極上空に集中するからである。粒子の突入が活発な時は、日本でも数十年に一度くらいの割合で「低緯度オーロラ」が現れ、古文書には赤気《せっき》と記されている。

オーロラの名称はローマ神話の「暁の女神」の名に由来し、古代英国のエオストラ（春と暁の女神）、イースター（復活祭）、イースト（東）などと語源的には同根である。

（二〇〇五・二・一一）

白い谷間

「こぶし咲く白い谷間や童歌」（新田次郎）

一九八九年の夏に竣《しゅんこう》工した諏訪市の図書館に「新田次郎コーナー」が併設され、この句が刻まれた句碑が建てられた。一九五六年（昭和三十一）、四十四歳で直木賞を受賞した諏訪出身の新田次郎さんの本名は藤原寛人《ひろと》。第五代中央気象台長・藤原咲平博士の甥《おい》で、中央気象台

（後の気象庁）に就職し、直木賞受賞の前年に無線ロボット雨量計の開発の功績により運輸大臣表彰を受けている。気象技術者としても一流の人だった。

六三年には気象庁・測器課長になり富士山気象レーダー建設の責任者として活躍、六六年に五十四歳で気象庁を退職した。次々に力作を発表する直木賞作家を十年間も抱え込んでいた当時の気象庁の懐は深かったといえる。藤原寛人さんもまた、気象の仕事で人一倍の成果をあげ、職場では小説についての話題は曖気《おくび》にも出さず、マージャンの翌日に会議で居眠りする人は許されても自分の居眠りは許されないと強く心に言い聞かせて、午後十一時前には寝るようにしていた。夕食後、二階の新田次郎の仕事場へ「戦いだ、戦いだ」という掛け声で上ると、子供さんも口真似《まね》をして勉強部屋に入ったという。

一九八〇年二月十五日、新田さんは東京の自宅で心筋梗塞《こうそく》により急逝した。享年六十七歳。エッセー集に『白い花が好きだ』（正・続）がある。東京では二月半ばごろから辛夷《こぶし》の花が白い肌を見せ始める。

（二〇〇四・二・三）

二　雪のなぞなぞ

二月六日夜、本州の南岸沿いに低気圧が北東進し、東京でも雪が降り始めた。ラジオの天気予報で「長野県の中部と南部に大雪注意報」と聞いて、信州で言う「上雪《かみゆき》」だなと思った。

翌朝、都心の積雪は二センチで昼過ぎには消えた。朝の散歩道で犬を連れた未知の婦人から「大降りにならなくてよかったですね」と声をかけられ、「見もしらぬ人にものいふ門の雪」という加舎白雄《かやしらお》（一七三八〜九一）の句を思い出した。白雄は信州上田藩士の二男で江戸を本拠として東信濃にも多くの門人を育てた。この句は雪の少ない江戸で詠まれたものであろう。

豪雪地帯の「雪の朝《あした》」はもっと深刻で、新潟県十日町の島田千鶴子さんの歌に「三日三晩雪の止まねばおのがじじ険しき顔の人ら町ゆく」とある。

雪に対する感じ方は地域によって異なる。『世界なぞなぞ大事典』（大修館書店）には雪の「なぞなぞ」が三十以上も載っているが、中にこんなのがある。

「闇《やみ》の国からやって来た大軍。全員が白旗を持って、出合いがしらに襲いかかり、逃げないやつを下敷きにするものは？」（オーストリア）

「鷲《わし》のように飛んできて、皇帝のように天下り、犬のような死に方をするものは？」（ユーゴスラビア）

「矢のように来て、王様のように座り、乞食《こじき》のように追い出されるものは？」（アフガニスタン）。

これらは雪を侵略軍や覇権に見立てたようなところがある。少年時代の信州の「雪のなぞなぞ」は、いま思い出せない。

（二〇〇六・二・一七）

雨一番

今日十九日から三月五日までが二十四気の「雨水《うすい》」である。二十四気は一太陽年を二十四の「気（十四～十六日間）」に分けて太陰暦の上に記し、太陰太陽暦を構成したものである。昔の人は陰暦の日付で「月夜の明るさ」や「潮の満ち干の大小」を、二十四気で「太陽による季節変化」を知ったのである。

二十四気の日付は陰暦では年により大きく移動したが、現行の暦は日付そのものが「太陽の季節点」だから毎年ほぼ固定しており、陰暦時代のような実用性はなくなった。が、古代中国起源の暦学史上の尊重に値する文化遺産で、迷信的な暦注とは異質なものである。

「雨水」は「雪が解けて雨になり始める季節」の意味で、雪国では雪に雨が交じり始めると「春が近いなあ」としみじみ思う。

北海道の気象資料に「雨一番」の統計値があると聞いた（平塚和夫編『日常の気象事典』東京堂出版）。立春の後、初めて雨だけが降った日を「雨一番」と呼ぶ。雨で降り出したとしても雪が交じってしまえば「雨一番」とは言わない。

平均日は函館三月二日、札幌十五日、網走二十七日。ただし季節の歩みはいつも行きつ戻りつだから、「雨一番」の後にも、各地で「桜隠し」「雲雀《ひばり》殺し」などと呼ばれてきた春の大雪が降る。長野地方気象台の降雪の最晩記録は一九二九年五月五日である。（二〇一一・二・一九）

三つ星真昼

地球の公転により夜空の星は季節とともに交代し、冬の星は、夏には昼の空に移ってしまう。また地球の自転により、宵に東の空に見えた星は明け方には西空に傾く。「冬の星座」「夏の星座」などと星に季節を冠して呼ぶときは、通常、夕方から宵にかけて見える星々を指す。しかし夜明けの東の空には、天球上で夕方の星と正反対に位置する星、つまり夏空には冬の星座、冬空には夏の星座の一部が姿を現して、太陽が上るにつれて青空に吸い込まれる。星は夜空に季節を描き、時刻を刻んでいる。

「星を戴《いただ》いて出《い》で星を戴いて帰る」。勤勉な昔の農・漁民は、夜明けや宵の空に見る星で季節を知った。

「三つ星真昼」という言葉がある。太陽が最も高い位置にきたとき（南中）が真昼。同様に、それぞれの星の南中時刻が、その星にとっての真昼である。オリオン座の三つ星は、九〜十月には明け方、十二月は真夜中、二〜三月は宵に真昼になり、六月は「太陽の真昼」と重なり日光に隠されて見えない。「三つ星真昼、粉八合」は明け方に三つ星が南中する初秋に蕎麦《そば》を蒔《ま》けば収穫が良いと言う俗諺《ぞくげん》である。別に、「昴《すばる》まんどき、粉八合」とも言う。「まんどき」は満時《まんどき》（午時《うまどき》）である。

一月末にNHKテレビの取材で石垣島に行った。この島には、宵に三つ星が真昼になる今時分から、春の南風が吹き始めることを指す「星昼間の南風（プスピローマ・ヌ・パイカジ）」という言葉がある。

（二〇〇四・二・二〇）

二　西向く士《さむらい》

日数が三十一日あるのが「大の月」、三十日は「小の月」（特に二月は二十八日か二十九日）。その「小の月」は「西向く士（二、四、六、九、十一）」だと覚えなさい、と昭和初年代に小学校で習った。十一を士と書いて「さむらい」と読んだのだ。

この語句を私は明治以後の太陽暦になってからできたものと思っていたが、『暦の百科事典』（本の友社）、『暦と時の事典』（内田正男著、雄山閣）などで、江戸時代の大小暦《だいしょうれき》の流れを汲《く》む言葉であることを知った。

陰暦では「大の月」は三十日、「小の月」は二十九日で、その順序は年により異なった。そこで、毎年、その年の大小の順序を知っておく必要があり、それを一枚の刷り物にした大小暦が、年始廻《まわ》りの贈り物などに用いられるようになった。江戸時代中期から流行し始め、初めは簡潔な表現の実用的なものだったが、次第に奇抜な表現を競うようになり、たとえば「キンネンキキンハゴンセン」という大小暦の年もあった。この場合は「ン」が小の月で、他の文字は大の月だったのである。小をドン、大をチャンで並べたものもあった。現行太陽暦を大小暦ふうに表せば「チャン、ドン、チャン、ドン、チャン、ドン、チャン、チャン、ドン、チャン、ドン、チャン」となる。

「朔日《ついたち》ついとたつ、二日《ふつか》ふいとたつ、三日《みっか》見えぬ間にたつ」「一月いぬる、二月逃げる、三月去る」…ドンチャンさわぎなどしていられない。

（二〇一〇・二・二〇）

二　上雪・下雪、一里一尺

南北に長い長野県では、雪の降り方に上雪《かみ》と下雪《しも》の別があることは割合よく知られている。本州の太平洋岸沿いを低気圧が通り、普段はあまり雪の降らない佐久、諏訪、伊那、木曽など県南部でかなりの雪が降り、豪雪地帯の北信ではほとんど降らないのが上雪である。上雪は冬の初めや晩冬・早春に降りやすい。こんな時は関東や東海道でもかなりの積雪がある。これからの上雪は、「春の雪」といえる。

一方、西高東低の冬型の気圧配置が強まり、北陸地方に豪雪が降る時に、北信でも大雪になるが、南信では晴れていることが多い。このような降り方が下雪で、真冬に多く、関東や東海道は空っ風の冬晴れが続く。そして本州の上に雪空と冬晴れとの「天気の国境」ができる。

地理学者・市川健夫博士によると、長野県では中野市の高社山から大町市の中綱湖、もしくは白馬村の佐野坂を結ぶ線あたりが、「天気の国境」になりやすいらしい（『信濃ことわざ歳時記』）。長野市は「天気の国境の街」といえる。

長野市の北には「一里一尺」という言い伝えがある。一里（約四キロ）北へ行くごとに積雪が一尺（約三〇センチ）の割合で深くなるというのだ。『信濃歳時記』では、この言葉は冬の季語に採用されており、「産みにゆく一里一尺の雪の汽車」（武良山生）、「一里一尺鉄塔のみがふんばって」（高山美由子）の例句が載っている。

（二〇〇三・二・二一）

二　跳ぶ年

今回は閏年《うるう》についての「辞書遊び」。

四年に一度のオリンピックの年は、二月に閏日《うるうび》が一日加わる。旧暦では十九年間に七回、閏月《うるうつき》を作り一年を十三か月にし、季節とのずれを調節した。

漢字の閏《じゅん》は、祖先に朔《さく》（ついたち）の報告をする中国の王が、閏月《じゅんげつ》だけは廟《びょう》の中に入らず門に止まったことを表わした字で、「正統でない」の意味もある。

日本では古くに潤の字が用いられ、そこから「うるう」の訓読《くんどく》が生まれた。漢字の潤は、暦からはみでた月日の意味の閏に「さんずい」をつけて、水がじわじわしみでる意味にしたものという。日本語の「うるおう」の語源説には「得る」、「降《ふ》り生《お》う」などがある。

英語では「うるう年」は「リープ・イヤー（leap year）」。リープは「跳ぶ」。普通の年は、今年の月曜が来年は火曜日になるように一日ずれるだけだが、閏年の翌年は三月以降さらに一日「跳んで」しまうのが語源らしい。

日本の俗信の「閏年には妊娠が多い」は、旧暦の閏年は十三か月もあるから、赤ちゃんも多くなるのは当然、「閏年には結婚するな」も一年が長くなり迷信的厄日が増えるから。ブラジルの「なぞなぞ」で「女のひとがいつもの年より多くしゃべるのは」の答も閏年である。

一方、英語の俗信にリープ・イヤー・プロポーザルがあり、閏年には女性からの結婚申込みが許され、断られたら絹のガウンを要求してもよい、といわれてきたとか。

最後に「リープ」についての英語の諺を二つ。「よく跳ぶためには、すこし後戻りしなさい」。そして「跳ぶ前に（着地点を）よく見なさい」。

（二〇〇八・二・二三）

二 雪間の草の春

東京の散歩道で白梅、紅梅の花が開き始めた日、テレビで信州の秋山郷の様子を見て、豪雪地帯の暮らしの厳しさを思った。が、ロケが晴天の日に行われていたので、空の明るさに雪国にも確実に春が近づいていることが感じられた。

北海道出身の小説家・劇作家久保栄（一九〇〇〜五八）の作品「のぼり窯」にも「春は空から萌して来て、やがて大地がそれに応える」とある。

秋山郷ではまだ先かもしれないが、信州各地で雪間の緑に「春の最初の微笑み」を感じている人が多いにちがいない。

花をのみ待つらむ人に山ざとの雪間の草の春をみせばや（藤原家隆）

信州の方言研究の集大成である『信州のことば』（馬瀬良雄著・信濃毎日新聞社）に、秋山郷の「赤雪《あかゆき》（アカエチ）」が載っている。大陸から飛来した黄砂に染まった積雪をいい、「これが降ればもう春だ」といわれてきたという。赤雪は三年に一度ぐらいの割合で日本のどこかで降っているが、応仁の乱の後の赤雪を、陰陽師《おんみょうじ》たちは戦いで死んだ人の「血の雪」と説明したという。

（二〇〇六・二・二四）

二 武開、文開

信州の現代俳人・宮坂静生さんに日本の「地貌《ちぼう》季語」（各地の風土から生まれた、その地に独特の季節の言葉）についての研究業績がある。

世界各地にも同様の「地貌の言葉」がある。俳句という季節文学を広く庶民の生活レベルで持っていた日本人は、移民先や第二次大戦中の占領地、抑留地などで、それを集めて各地の「歳時記」を編んだ。『満州歳時記』（金丸精哉著、一九四三年）もその一つで、そこに武開、文開という言葉が載っている。

満州は現在の中国東北部。春には河川を覆っていた厚い氷が解けて流れ下る。その解氷に二つのタイプがある。北に流れる川は、暖かい上流域で解氷が始まり、流氷は下流の結氷域との境界で轟音《ごうおん》を立てて激しく衝突し、横にあふれて平野に広がる。その点、南に流れる川は、下流から氷が解けるので問題はすくない。前者が武開（ウーカイ）、後者が文開（ウエンカイ）で、『現代中国語辞典』（光生館）にも載っている。

ロシアの気候学の本には、河川の解氷による「春の増水（ポロウォージエ）」はロシアの自然界での最大の季節現象だと記されている。長く厳しい冬の間、厚い氷の下で不気味に静まり返っていた川は、突然、轟音とともに膨れあがり、激流となって、あらゆる物を押し流す。ロシアの春はいつも「革命的」に始まるらしい。北に流れるシベリアの川はすべて武開である。トップダウン方式の急激な改革は武開、ボトムアップ方式の緩慢な改革は文開といえそうである。

（二〇〇七・二・二四）

北窓開く

北の窓日本海を塞《ふさ》ぎけり（正岡子規）

北窓をけふ開きたり友を待つ（相馬遷子）

北窓に目貼《めばり》するのは初冬、それを剥《は》ぐのは仲春。アルミサッシがなかったころは、生活実感のある季題であった。俳人・相馬遷子《そうませんし》（一七〇八〜七六）は長野県野沢町（現・佐久市野沢）生まれの医師。東大医局勤務時代に俳句を始め「馬酔木《あしび》」同人となり、一九四六年帰郷して医院を開業。晩年は「馬酔木」同人会長として秋桜子《しゅうおうし》の後継者と目されながら、惜しくもガンのため六十八歳で逝った、と『信濃歳時記』にある。

季題ではないが、空一面を覆っている雲が北や西の地平付近で切れて青空が見え始めるのを

「北窓あく」「西窓あく」と言う地方が多い。「北窓があいたから、稲を刈ろう」と信州の農民は言い、「西窓があいたから突風に用心」と江戸の漁民は言い伝えてきた。

気象衛星の雲画像では、低気圧や寒冷前線の北西側で雲と快晴の区域が一線を画して接していることがよくある。その境界が低気圧や前線の移動とともに南や東に動くので、空の北窓や西窓があくように感じるのである。

暗い部屋からは窓外の景色が特に明るく見える。同様に暗い雲の下からは、開いた「空の窓」に遠くの山脈《やまなみ》がくっきりと見え、「峰の白雪夕日に映えて金の鞍《くら》置く白馬岳《はくばたけ》（正調・安曇節）が、いっそう美しく感じる。

（二〇〇五・一二・一五）

一 きさらぎの雨

旧制長野中学校（現在の長野高校）の低学年の生徒だった一九三八年（昭和十三）ごろ、国語の教師が教壇から窓外を眺めて、それまでの講義とは関係なく突然、「しみじみととけふ降る雨はきさらぎの春のはじめの雨にあらずや、という若山牧水の歌は、今日のような雨を詠んだのかなあ」とつぶやいた。暖かい雨の降りかかる積雪面から雪舐《ゆきねぶり》の靄《もや》が立ち上っていた。最近のことはすぐに忘れるのに、六十年以上も前の場面を思い出すのだから、頭のしくみは不思議である。

牧水（一八八五〜一九二八）のこの歌は信州の早春の雨を詠んだのではないかと思う。彼は宮崎県出身だが奥さんは長野県人で、しばしば信州を訪れており、歌集では、「庭くまにこほりつきたる堅雪《かたゆき》に音たてて降るけふの雨かも」が、この歌に並んでいる。

牧水は数え二十八歳のとき信州に来て、東京で知り合った太田喜志子《きしこ》に求婚して帰った。当時、東筑摩郡広丘村の実家に帰省中だった喜志子は、後に「かなしやな信濃の春はまだ暗し君は桜か東京《みやこ》に帰る」と詠んだ。よく知られている「白玉《しらたま》の歯にしみとほる秋の夜の酒はしづかに飲むべかりけり」は、歌集に「信濃国浅間山の麓《ふもと》に遊べり」と解説されており、明らかに小諸での作。最後に牧水の代表的な二首を掲げておく。

幾山河《いくやまかは》越えさり行かば寂しさの終《は》てなむ国ぞ今日も旅ゆく
白鳥《しらとり》は哀《かな》しからずや空の青海のあをにも染まずただよふ

（二〇〇四・二・二七）

二月、逃げ月

今日で二月が終わり、明日から三月。つい先ごろ新年を祝ったばかりなのに、月日のたつのは早いものだと改めて思う。昔から「二月、逃げ月」といわれてきた。二月は二十八日しかないから「逃げ月」になるのではない。この諺《ことわざ》は二月だけが特に短くなかった旧暦時代にできたものである。「一月いぬる、二月逃げる、三月去る」とか、「朔日《ついたち》ついと立つ、二日ふいと立つ、三日見えぬ間に立つ」などと、人はいつも「光陰矢の如し」と感じてきたのだ。

話はかわるが太陽暦の二月は二十八日しかないので、気候の統計では、降水量や日照時間などの月間の合計値は、前後の月に比べて三日分少なくなる。だから厳密な比較をする場合は、全月を三十日に換算して比べる必要がある。

例えば気候表では松本の月間日照時間（直射日光がさした時間の月合計値）の平年値は一月一七一・八、二月一六三・四、三月一八七・六時間で、二月は太陽光線に恵まれていないように思われる。しかし、これを全部三十日に換算してみると、一月一六六・三、二月一七五・一、三月一八一・五時間で、冬から春に向かって日照時間が順調に多くなっている。

家計も月給制の場合は二月は一月や三月より三日分余裕があるはずで、総務省統計局の家計調査年報によれば平成十三年の一世帯当たり消費支出は一月は約三十一万、二月は二十九万、三月は三十四万円となっている。いずれにしても今日で二月が逃げる。（二〇〇三・二・二八）

彼岸、涅槃の石起し

〈春を呼ぶ強風〉

三月のライオン

春の強風については昔から各国、各地方で諺《ことわざ》が多い。

「二八月荒れ右衛門」「二八月に可愛《かわい》い子を船に乗せるな」は、旧暦二月（現行暦三月）の温帯低気圧と旧暦八月（現行暦九月）の台風を警戒したものである。これらの「あらし」は風向急変を伴う。だから「二八月の掌《てのひら》返し」。

沖縄では冬至から数えて八十六日目（三月十七日前後）を「二月風回り（ニンガチカジマー

イ)」と呼び、荒天厄日として警戒してきた。南西諸島では旧暦二月には十五日間に七回、風が回るといわれてきた。温帯低気圧が通ると、温暖・寒冷前線の通過で風向急変が二回あるから、「十五日間に七回」は約四日に一個の低気圧の通過に相当し、春の天気図の歩みに合っている。

沖永良部の「二月風車(ニガチカジモーヤ)」も風向急変を言ったものである。

英語の諺では「三月はライオンのようにやってきて子羊のように去る」という。ライオンは温帯低気圧の「あらし」、子羊は移動性高気圧の晴天。そして「子羊のようにやってきてライオンのように去る」とか「ライオンのようにやってきて、いつまでも暴れる」と言い換えられている。中国では「春風ノ狂フハ虎ノ如シ」である。

「花発《ヒラ》イテ風雨多シ」は中国の詩の言葉だが、日本では「世の中は月に叢雲《むらくも》、花に風、思うに別れ、思わぬに添う」などという。英語の古い諺に「三月は多様な天気(March many weathers)」とある。多少、韻を踏んで訳せば、「三月、燦燦《さんさん》、そして散散《さんさん》」である。

(二〇〇六・三・三)

二月より三月寒し

雑誌『ラジオ深夜便』（NHKサービスセンター刊）に俳人・鷹羽狩行さんの「季語で日本語を旅する」が連載されており、二〇〇五年三月号の題は「春の雪」である。その冒頭に、「二月より三月寒しまたも雪」という句が紹介されている。

江戸時代の子駿《ししゅん》という人の句だそうだが、鷹羽さんは「わかりやすく、あまりにも正直すぎて、よい句とはいえないようです」と書いておられる。一方、気象の専門家としての私は、このように日本の季節の気象的特徴をずばりと言い当てている句に出会うと、単純に嬉《うれ》しくなってしまう。

春は北風と南風が激しく争う季節である。そして二月は北風が勝ち、三月は互角に争い、四月は南風が勝つ。だから春の歩みはいつも、革命家レーニンが叫んだように「一歩後退、二歩前進」であり、水前寺清子さんも三歩進んでは二歩下がると歌っている（三六五歩のマーチ）。「寒の戻り」を「冴《さ》え返る」という。「冴え返り冴え返りつつ春半ば」（西山泊雲《はくうん》）…これも春の歩みを詠んだ名句だと思う。

こんな句もある。「にがにがし　いつまで嵐　ふきの塔」（宗鑑）。フキノトウの蕗《ふき》を、嵐吹くの「吹き」にかけている。春の寒さには風の強まりが加勢している。風速が一メートル増すごとに体感温度は一～二度下がるからである。最後に郷土の俳人・一茶の句を掲げる。

三日月はそるぞ寒さは冴えかへる

彼岸までとは申せども寒《さむさ》かな　（二〇〇五・三・四）

二　春の先駆け

島崎藤村（一八七二〜一九四三）は一八九九年（明治三十二）、数え二十八歳で信州小諸町に教師として赴任し、翌年「雲の記」を書いた。これは文語体の雅文という制約を受けて、雲の観察記録としては、やや見劣りする。が、同じ頃《ころ》に着手した口語体散文の「千曲川スケッチ」は、当時の信州の風物を彷彿《ほうふつ》させる。その中で「春の先駆け」と題して、二月から三月にかけて乳青色の空に現れる雲について次のように記している。

「ポッと雲の形が現れたかと思うと、それが次第に大きく、長く、明らかに見えて南に動くに随《したが》って消えて行く。するとまた、第二の雲の形が同一の位置に現れる。そして同じように展開する」（用字変更）。

ＮＨＫテレビの気象キャスターを務めていたころ、東京郊外に住む老婦人から達筆の手紙をいただいた。

「歯科の治療椅子で仰向《あおむ》けになって南のガラス窓に広がる冬の青空を見ていると、雲が空の決まった場所に湧《わ》き立って、消えると、しばらくして、またそこにできることに気付いた」

橋の上で川面を見ていると、川底の石の上で水の流れがほぼ同じ形で繰り返して盛り上げるのに気付く。

同様に上空の気流も波を打っており、雲は波頭の所で出来ては消えることがあるのだ。が、このような現象は、この婦人のように、治療椅子《いす》に拘束されるなどして、数十分ほど空を見続けないと気がつかない。

若い藤村はどのような状況下で春の先駆けを見ていたのかな、と思う。（二〇〇四・三・五）

春でごわすぞ

気候表で降雪（積雪にならない雪も含む。）の終日の平年値と最も遅かった日（かっこ内に示す）を見ると、長野四月七日（五月五日）、松本四月四日（五月十二日）、軽井沢四月十四日（五月十三日）、飯田三月三十日（四月二十四日）である。信濃路の三月はまだ雪と別れられないが、三月の雪にはいくつかの春の特徴が見られる。

北信濃の豪雪地帯では、三月上旬ごろは昼間の日差しで解けた積雪の表面が夜の冷え込みで凍って堅雪《かたゆき》となり、翌日は、これまで歩けなかった雪野原が自由に歩けるようになる。これを徒渡《かち》りとか凍《し》み渡りと呼び、遠回りの道路で学校に通っていた子供たちも、大喜びで雪原を一直線に歩き、ときおりズボリと積雪の中に落ち込むスリルも味わう。この堅雪の話は宮沢賢治の作品「雪渡り」にも出てくる。お彼岸のころになると水気の多い牡丹《ぼたん》雪が多くなる。「わが村はぼたぼた雪の彼岸かな」、「雪とけて村一ぱいの子どもかな」は一茶の句である。

暖かくなり大方の積雪が消えたころ、家や森の北側に残っているのが陰雪《かげ》。その雪が解けるのが「かげどけ」または「日かげどけ」。

「大降《おほぶり》の後三日四日《か》／異《い》なお天気でごわしたが／かげどけしやす今日あたり／春でごわすぞこれからは」

これは一九四五年（昭和二十）に佐久に疎開したまま暫《しばら》く信州で暮らした佐藤春夫の詩集の中の「春のおとずれ」と題した四行詩である。「挨拶のさまざま」という副題がついている。

（二〇〇三・三・七）

二　きさらぎ、やよい

如月《きさらぎ》は旧暦二月、弥生《やよい》は旧暦三月の呼び名で、今年（二〇〇六年）は現行暦の二月二十八日から三月二十八日までが如月、三月二十九日から四月二十七日までが弥生である。

如月の語源説には、寒の戻りで衣を更に着る衣更着、植物が芽生える萌揺月（キサユラギツキ）、陽気が発達する気更来、草木更新の木更月（キサラツキ）などがあり、漢字で如月《じょげつ》と書くのは、このころ万物が如如然《じょじょぜん》と出るからで、如如は「相随《したが》ふさま」と『大漢和辞典』にある。他に旧暦二月の別名は、梅見月、木の芽月、小草生月《おぐさおいづき》、初花月、雁帰月《かりかえりづき》、雪消月《ゆきげつき》など。

弥生の語源は草木弥生月（クサキイヤオイツキ）、漸々成長（ヤヤオヒ）、山色酔（ヤマイロヱヒ）、柳糸引（ヤナイトヒキ）などで、別名に花咲月、桜月、春惜月《はるおしみづき》などがある。

舗装が発達していなかった昔は、雪消の頃、車も靴も春泥《しゅんでい》で汚れる「どろんこ道」「おしるこ道路」がいたるところにあり、草履《ぞうり》で歩ける乾いた道になると、しみじみと春の喜びを感じたものだった。

「蝶とぶや信濃の奥の草履道」（一茶）

気象台、測候所の生物季節観測の統計によれば、モンシロチョウの初見平均日は、飯田三月二十五日、松本四月一日、長野四月四日である。

『信濃歳時記』（長野県俳人協会編）には「草履道」は採用されていないが「庭乾く」があり、「四五歩出て郵便受けぬ庭乾く」（菊池光彩波）、「庭乾き隣へ軽き藁《わら》草履」（菊池春光）などの例句が載っている。

（二〇〇六・三・一〇）

梅の春、桜の春

気象台、測候所の生物季節観測平均値では、梅の開花日は長野三月二十日、松本三月二十六日、飯田三月二日である。

一方、桜（ソメイヨシノ）の開花日は長野四月十四日、松本四月十二日、飯田四月六日で、満開日は長野四月十九日、松本四月十七日、飯田四月十一日である。

これらの数字を見て、信州では梅の春も桜の春も、私が住んでいる東京とはずいぶん違うものだと思う。

東京の梅の開花平年日は一月二十九日、桜の開花平年日は三月二十八日、満開日は四月五日である。当然のことながら、梅も桜も東京の方がはるかに早い。

梅の開花から桜の開花までの期間は東京は五十八日もあるのに、長野は二十五日、松本は十七日、飯田は三十五日間で、著しく短い。これは山国、北国の特徴で、かって私が暮らしていた札幌の梅と桜の開花平年日はいずれも五月五日で、同時である。

福島県の三春町の町名の由来は、梅、桃、桜が一度に咲くことに由来する。北国、山国の春は遅いかわりに、花の春は爆発的に始まるのだ。信州でも高原では前記の数字はもっと「百花繚乱《りょうらん》」的になるはずである。

（二〇〇三・三・一四）

遠山鹿の子

明日は春の彼岸の入り。これまでは寒さの中での空の明るさに「光の春」を感じてきたが、これからは頬《ほお》を撫《な》でる風に「気温の春」を感じるようになる。

しかし、鳥取県では小鳥を悩ます春の雪を「彼岸の小鳥殺し」、青森県では「雲雀《ひばり》殺し」と呼んできた。新潟県では「四月のどう（朱鷺《とき》）殺し」。野鳥の朱鷺がたくさんいた頃の話であろう。「三月の焼山《やけやま》隠し」は焼山（新潟県の山の名）を真っ白にするほどの大雪をいい、「三月の木の股《また》裂け」は飛彈の林に「雪折れ」を起こす旧暦三月の大雪を指したものである。

東京などでは彼岸の霊園に沈丁花《じんちょうげ》の香が漂い、馬酔木《あしび》が咲き、白木蓮の花が光っているが、北国・山国の墓地はまだ雪に埋もれている。

「切り花」の流通が発達していなかった昔は、東北地方では朴《ほお》の枝を花びらの形に削って着色した「削り花」を供えた。私もNHKテレビの仕事でこの花を見たが、雪の白さと対照的な鮮やかさに目を見張った。『秋田俳句歳時記』（風見郷著・無明舎出版）では、紙で作った色とりどりの花を常緑樹の枝につけた手作りの造花を「彼岸花」と名付けている。

信州の豪雪地帯にも、このような風習があったのであろうか。長野県では彼岸のころ、遠山の残雪が白い斑点の「鹿《か》の子斑《まだら》」になるのを、「彼岸の遠山《とおやま》鹿の子」と言い伝えてきた。彼岸の太陽は浄土のある真西に沈む。その光を受けた遠山の輝きを、先祖の墓から見つめていた人が多かったのではないかと思う。

（二〇〇六・三・一七）

彼岸、涅槃の石起し

旧諏訪測候所の二〇〇〇年（平成十二）までの二十六年間の統計によれば、日最大風速一〇メートル以上の月別平均強風日数（小数位以下を四捨五入）は、十二月、一月、二月は各四日、三月は八日、四月は六日、五月は五日、六月は一日で、春が顕著に多くなっている。同様の傾向は長野気象台、松本・飯田測候所を含めて全国の多くの気象官署の統計にも見られる。

春が強風の季節になる第一の原因は、北に縮小していく冬の寒気団と、南から広がってくる春の暖気団が中緯度帯で境を接し、強い温帯低気圧が頻繁に通るからである。第二の原因は、冬は重い寒気が盆地や谷間に滞留して、強風はその上を吹き越えて地上に影響しないのに対して、春は地面が暖まり対流が起こって上空の強風が下りて来るからである。

俳句歳時記には麗《うらら》か、麗日《れいじつ》、長閑《のどか》、駘蕩《たいとう》など穏やかな春日和をいう季語と並んで春疾風《はるはやて》、春《はる》嵐《あらし》、春荒《はるあれ》などが載っている。

「彼岸、涅槃《ねはん》の石起《おこ》し」という山口県の諺《ことわざ》は、石さえ吹き飛ばすような春の強風を指したものである。涅槃は釈迦の亡くなられた二月十五日。今は太陽暦でいう場合が多いが、本来は旧暦で、今年は三月二十四日である。

信州では高い山脈が屏風《びょうぶ》になって、強風注意報が発表されている時でも風の弱い所が多い。春一番もなかなか吹かないといわれている。しかし地形によっては、特定の風向の強風が吹きやすい地域が方々にあるから、注意が必要である。

（二〇〇五・三・一八）

色にぞ匂ふ

大和心《やまとごころ》の真髄は「朝日に匂う山桜花」だと本居宣長が詠んだと小学校で習ったとき、「桜の花は匂わないよ」と思った。しかし辞書を引いて「匂う」という言葉の多義に驚いた。

『広辞苑』によれば「匂う」の「ニは丹で赤色、ホは穂・秀の意で外に現れること、すなわち赤などの色にくっきり色づくのが原義」だという。そして「匂い」の第一義は、「あざやかな色が美しく映えること」で、以下「はなやかなこと」、香気、臭気、威光、気品、雰囲気、同色の濃淡による「ぼかし」などと続く。「朝日に匂う」は「朝日に輝き映じる」の意味だったのである。

一方、私は秋色桜《しゅうしきざくら》という呼び名を聞き、秋の色に映える桜かと思った。が、秋色は江戸中期の女流俳人の俳号。菓子屋の娘お秋が宝井其角の門に入り、十三歳のとき上野で「井戸端の桜あぶなし酒の酔」と詠んだ。その木が秋色桜。現在も上野公園の清水観音堂のわきに九代目の秋色桜が枝垂れているという。なお実際に香気を発する白い八重の品種の「匂い桜」がある。

長野高女（現・長野西高）に伝わる歌曲「信濃の春秋」では、都の花が散り失せるころ梅、桜、桃、杏がおしなべて「千々《ちぢ》の色にぞ匂ふなる」と詠まれている。　（二〇一〇・三・二〇）

雁供養、燕雁代飛

都内の自宅に配られた二月十五日の読売新聞夕刊に、ガン類の国内最大の越冬地、宮城県の伊豆沼・内沼でマガンの「北帰行」がピークを迎えているという記事が載っていた。マガンは寒波の緩んだ朝に、力強く水面をけって上空の南風をとらえて北に向かうという。その記事を読みながら、冬鳥の多くは日本の桜の花を見ずに帰るのかという感慨をもった。

人は同じことを昔から思っていたらしく古今集には「春霞たつを見捨てて行く雁《かり》は花なき里

に住みやならへる」(伊勢《いせ》)と詠まれ、梁塵秘抄《りょうじんひしょう》にも「春の初めの歌枕」の一つとして「花を見捨てて帰る雁」があげられている。

「帰る雁秋来し数はしらねども寝覚の空に声ぞすくなき」(藤原家隆、『風雅集』)。この歌は旅先で死んだ雁の数をしのんでいる。「雁は秋に海を渡って来る時に、木片をくわえて飛ぶ。海面に浮かべ翼を休めるためである。その木片を津軽の浜辺に置いて、さらに陸路を南下する。翌春、北国へ帰る雁は、その木片をくわえて海を渡る。だから、春に浜辺に残っている木片は、旅先で死んだ雁のものである。その雁を供養するため、木片を集めて風呂をたてる」…青森県、外が浜での、ほとんど忘れられてしまった伝説である。

雁が帰った後に南から渡ってくる夏鳥の代表は燕。気象台、測候所の生物季節観測の統計では燕の初見日の平年値は飯田四月四日、長野、松本四月十一日。これからは四字熟語の燕雁代《えんがんだい》飛《ひ》の季節である。

(二〇〇三・三・二一)

二　木の芽の色

東京では三月に入ると、遠望する雑木林が、全体として明るい色調を帯びてきた。木の芽が動き始めたからであろう。

少年時代の長野市周辺でも、それまで枯木色だった山肌の雑木林が黄緑に赤や銀色の混じったパステル・カラーに染まり、日に日に色合いを変えて新緑に向かう季節があり、子供心にも「時間よ、ここで止まれ」と思うほどに春が美しく輝く一瞬があった。

長野師範付属小学校で「木の芽」という唱歌を習った。その歌詞は今でもよく覚えているが、確認のために調べてみたら、一九三二年（昭和七）四月発行の文部省の『新訂尋常小学唱歌第三学年用』に載っていた。私は翌年に九歳で三年生になっている。そういえば、そのときの教科書の明るい色の装丁も記憶に残っている。一番の歌詞は「昨夜《ゆうべ》の雨で生まれたか今朝の光りで育ったか、赤や緑のさまざまの色美しい木の新芽」である。やはり木の芽は緑だけでなく、赤を含めてさまざまの美しい色と詠まれている。後に徳富蘆花が『自然と人生』（一八九九年）で、春が来て武蔵野の雑木林が「淡褐、淡緑、淡紅、淡紫、嫩黄《どんこう》など」の柔らかな色の限りを尽くして新芽を作る時、「何ぞ独り桜花に狂せんや」と記していることを知った。

唱歌「木の芽」は「日に日に延びる木の新芽、春の力を身に受けて、赤も緑もいつしかに皆美しい葉となるよ」と続く。やがて信州でも、そのような「山笑う」季節が始まる。

（二〇〇四・三・二六）

ヒバリとウグイス

生物季節観測の統計では、ヒバリの初鳴きの平年日は長野三月二十日、松本同二十三日、飯田同二十九日。またウグイスの初囀《さえず》りの平年日は長野三月二十三日、松本同二十五日、飯田同十八日である。両者はほぼ同じころに鳴き始めるらしい。

ヒバリが飛びながら息切れもせず囀《さえず》ることができるのは、吐く時も吸う時も声が出せるからだという。多くの小鳥が呼吸の両方で声を発し、ウグイスの「ホウー」は吸う時、「ケキョ」は吐く時の声だそうである。

そのウグイスとヒバリについては、『万葉集』の大伴家持の次の歌を思いだす。

「春の野に霞たなびきうら悲しこの夕影にうぐひす鳴くも」、「うらうらに照れる春日にひばり上がり心悲しもひとりし思へば」。前者は天平勝宝五年二月二十三日、現行暦（グレゴリオ暦）では七五三年四月五日、後者はその二日後の作。ころは二十四気の清明。奈良の都は、花のこずえに風が光る季節だった。

前年、東大寺の大仏開眼供養が行われたが、造営の財源確保の功績を自負する家持の名は、叙位の名簿からもれた。その後、凄まじい陰謀や血の粛清の渦巻く中で左遷、再昇進の波にもまれ、最後の任地は多賀城（宮城県）。しかも死後も謀反の汚名をかぶせられ、生前の官位官職を剥奪され、後に名誉が回復されている。家持は「万葉歌人の中で、生涯を最も悲しく生きた人」（山本健吉）だったという。

三月、四月は人事異動の季節。さまざまな春の愁《うれ》いを抱いて、人々は街を行く。

（二〇〇三・三・二八）

散る桜、残る桜

〈花開く頃〉

花のいのち

東京のソメイヨシノは三月十八日に平年より十日も早く咲き始めた。信州の開花平年日は飯田四月六日、松本四月十二日、長野四月十四日だが、今年はぐんと早まるに違いない。

生物季節資料によれば、開花から満開までの平均日数は東京では八日だが、長野、松本、飯田は共に五日、盛岡は四日、札幌は三日で、寒い地方ほど、パッと咲く傾向があることが分かる。私が札幌気象台の予報課長に転勤した一九七七年（昭和五十二）には、北海道神宮のソメイヨシノは五月十一日に開花し、翌十二日には満開になり、「北国の春は爆発する」ことを実感したものだった。松本測候所の資料でも五六年（昭和三十一）に四月十五日開花、翌日満開の記録がある。

「花のいのち」が長かった記録では、東京では六六年（昭和四十一）に開花から満開まで十六日間、長野では七二年（昭和四十七）に十日間という記録がある。いずれも開花後に強い花冷えが続いた年であった。なお生物季節観測では花が数輪以上開いた状態になったときを開花といい、約八〇％以上が咲いた状態を満開という。

「人恋し灯ともしごろを桜散る」……モダンな感じの句だが、作者の加舎《かや》白雄は上田藩の武士の二男。一七三八年（元文三）、江戸深川の藩邸で生まれた。

（二〇〇四・四・二）

持続性の限界

人は天気の変化を持続性、周期性およびそれらの限界に基づいて考えることが多い。たとえば元長野気象台長・篝《かがり》益夫著『信州の天気のことわざ』（古今書院、一九六五年）によれば、信州の各地で朝の霧、霜、露は晴天のしるしだと言い伝えられている。

これらの現象は静穏晴夜ほど強く現れる。そして夜の晴天が日中も持続すると考えた。が、これらの現象が特に顕著な場合は逆に雨だとも言う。晴天の持続性は限界にきたと断じたのである。「日本晴れは遠からず雨」という天気俚諺《りげん》も載っている。「朝のチャッカリ姑《しゅうとめ》のにっこり」…朝雲の切れ間の光も姑の上機嫌も持続性は期待できない。

信州の諺《ことわざ》ではないが「木の葉が光ると雨」は、今が好天の絶頂で後は下り坂だと言ったものである。

春の天気は「降る、吹く、ドン」だと、東海地方で言う。低気圧の雨の翌日は晴れるが冷たい北風が吹き、三日目はドン（曇）で雨が近づく。そのようにして天気は三日か四日周期で変わり、日曜ごとに雨降りになったりする。ただし私が予報官のころは「周期に気づいた時は、周期性は限界にきているから安易に使うな」と言われていた。

人の世も、持続性を前提に暮らしながら、その限界を予感する時に「時代の不安」が生まれる。

「昨日またかくてありけり／今日もまたかくてありなむ／この命なにを齷齪《あくせく》／明日をのみ思ひわづらふ」（島崎藤村『千曲川旅情のうた』）

（二〇〇五・四・八）

二　雪月花

昔から四季の風流の代表は雪月花《せつげっか》とされてきた。が、四季に対しては一つ足りない。

川端康成のノーベル賞受賞講演「美しい日本の私」は、「春は花　夏ほととぎす　秋は月　冬雪さえて涼《すず》しかりけり」（道元）で始まっている。もう一つは「ほととぎす」だった。

諺《ことわざ》辞典によれば「月雪花《つきゆきはな》は一度に眺められぬ」は「よい事が全部そろうことはありえないたとえ」という

しかし、新潟県では旧暦三月の雪を「桜隠し」と呼んできた。東京でも一九〇八年（明治四十一）四月九日に積雪二〇センチという観測例がある。

当時の新聞は、桜田門外の変以来の大雪と表現し、電線着雪の重みで電柱は傾き、電話線は切れ、道路は鉄条網のようになり「日頃《ひごろ》電話、電車、電灯等にて、何不自由なき東京市も俄然無交通の世界」になってしまったと報じている。

もっとも「折からの風に花を誘い、まんじと回り巴《ともえ》と舞いて現《うつつ》のこととも思われず…柳の緑芽に綿を積み花の梢に花を重ねて時ならぬ妖雪…」と風流にしか報じていない新聞もあった。

この雪の夜は旧暦三月の上弦の月だったが、雪月花の表現はなかったようである。

気象台・測候所の降雪終日の平年日と最も遅かった日（カッコ内に示す）は、長野四月七日（五月五日）、松本四月四日（五月十二日）、飯田三月三十日（四月二十四日）、軽井沢四月十四日（五月十三日）。今年は四月十二日が旧暦弥生の十五夜、十四日が満月。この春は雪月花がそろうかもしれない。そうなると人は「月雪花《つきゆきはな》に酒と三味線」と欲張る。

（二〇〇六・四・八）

花喰鳥、花吸い

東京の拙宅の近くでは、三月二十九日に三分咲きになった小公園の桜（ソメイヨシノ）の木の下に、花が点点と落ちていた。通常、地面に散り敷く「花の雪」は、満開ごろから落ちる一枚一枚の花びらのはずなのに、花全体が萼《がく》の元から打ち首されたようにちぎられており、まことに不気味な光景であった。

このような落花異変が東京で話題になり始めたのは、私の「季節ノート」によれば一九八七年（昭和六十二）からである。そしてスズメが蜜《みつ》を吸うために食いちぎっていることが分かり、地面が春の雪に覆われるなどして餌不足になり、桜の花をついばみ始めたのだろうと一部の野鳥研究家は推測した。

一方、七六年（昭和五十一）から三年間の放送原稿をまとめたＮＨＫ長野放送局編『信濃風土記』（一九七九年刊）には、当時の信州大学教育学部教授の中村登流さんが、桜の花を食いちぎるスズメの話を書いておられる。信州のスズメは東京より前から花喰鳥《はなくいどり》であったらしい。信州のスズメの文化が東京に伝播《でんぱ》したのではないとは思うのだが……。

メジロやヒヨドリは嘴《くちばし》の形が適しているので、花を食いちぎることなく上手に蜜を吸う。方言ではメジロを南九州で「花吸い」、八丈島では「花狩り」と呼ぶ。また東北地方ではヒヨドリを「花吸い」と呼ぶ地方が多いらしい。小鳥がよく集まる木は、特に蜜が甘いに違いない。

（二〇〇四・四・九）

【追記】 この原稿を記した後に知ったのだが、都市野鳥の研究家・唐沢孝一氏が一九八七年にスズメの「花喰鳥現象」に注目し、おおがかりなアンケートや文献の調査を行っており、その結果を『スズメのお宿は街のなか』（中公新書、一九八九年刊）に記している。それによると各地の最初の観測年代は東京が最も古く一九三三年、名古屋周辺は八四年以降、大阪周辺は七八年ごろ、四国・九州では八七年以降であった。スズメは昔から各地で「花喰鳥」だったらしいが、その生態は生息環境の変化により影響されてきたといえそうである。なお二〇一一年十一月十六日の朝日新聞は過去約二〇年間に全国データのスズメの個体数が約六割減っており、その原因は生息環境の変化によるらしいと報じている。そういえば私の散歩道の公園で見かけるスズメの数もめっきり減っており、二〇一二年のお花見時には「花喰鳥現象」はほとんど見られなかった。

二 天気頭、天気痛

長野県に伝わる天気俚諺《りげん》に「女がさわげば天気が悪い」というのがある。鹿児島県でも「女《おな》ん頭痛《びんだうち》や、雨が近け」といわれてきた。また古い辞書では「曇天には頭痛を感じるなど、天気の如何《いかん》により故障を生じやすき頭《あたま》」を天気頭と呼んでいる（『大辞典』平凡社、一九三六年刊）。頭痛の他に、神経痛、肩こり、腰・関節・古傷の痛みが強いと雨になるという言い伝えは全国にあり、特に女性が敏感に反応すると考えられてきたようである。

生体と気象の関係を研究する生気象学の分野では、前記の痛みは天気痛《つう》と呼ばれ、この他に、脳出血、狭心症、精神障害などの症状が天気に影響されることが確かめられ、気象病と名づけられている。気象（環境）の変化に対する体の適応能力の弱い人や、あるいは調節能力の敏感すぎる人が、天気の急変の兆候に異常に反応するようである。

特にむしむしした南風が吹き、北西方から寒冷前線が雷を伴いながら南東に進んで来ているような日に気象病の発症や工場の事故、犯罪・自殺などが多いという研究もある。私も若いころ肺結核の病棟で絶対安静の療養生活をしてる時、低気圧や前線を含む気圧の谷が通過する日に、微熱や喀《かく》血の患者が多くなることに気づいた。このような気圧配置は春によく現れる。特に木の芽どきやお花見ごろは、これという理由もなく人間関係のトラブルが起こったら、天気のせいにしてはやく仲直りをしたほうがよい。

（二〇〇三・四・一二）

木のつわり、花疲れ

信州は今、枯木山が一斉に芽吹いて、日に日に色合いを変えていく季節。東京の銀杏《いちょう》並木で測ったら、長さ七ミリの芽が一週間後には五センチの若葉に成長した。花と同様に芽吹きもまた「三日見ぬ間に」である。ロシアの季節誌も、枯木林の平原が薄緑の芽吹き色に染まった状態を「緑の靄《もや》（ゼリョンナヤ・ディムカ）」と呼び、その期間は三〜五日間だと記している。

俳句歳時記には木の芽晴、木の芽風、木の芽雨、木の芽山、木の芽垣などの美しい季語が並んでいるが、方言辞典には「木の芽つわり」、「木の芽ぼこり」という言葉が載っている。「つわる」は「芽が出る」「熟す」「妊娠時に吐き気を催す」「動物が発情する」などの意味で、「つわり」はそれが名詞になったものである。そして方言としての「木の芽つわり」は木の芽時の「だるさ」を言い表している。

「ほこる」は「誇る」、「得意になる」「豊かな生活をする」「増長する」などの意味だが、方言では「草木が成長する」「子どもがはしゃぐ」「牛が発情する」などを表し、「木の芽ぼこり」は木の芽時の興奮状態をいう。「日なたぼっこ」も「日なた誇り」から変化した言葉だとか。そういえば東北地方や信州では、春の山林作業で日に当たり過ぎて起こる身体の変調を

「日の病」といい、北欧にも「春疲れ」という言葉がある。お花見帰りは「花疲れ」。「坐《すわ》りたるまま帯とくや花疲れ」（鈴木真砂女）（二〇〇五・四・一五）

花明り

「花明り」が『広辞宛』に初めて載ったのは一九七六年（昭和五十一）十二月刊行の補訂版で、「桜が満開で、闇のなかでも、そのあたりがほのかに明るいこと」と説明されている。「雪明り」と違って「花明り」は比較的新しい言葉らしい。昔の俳句歳時記にも載っていない。ただし河東碧梧桐《かわひがしへきごとう》（一八七三〜一九三七）選の句に「蜜蜂の暮れて戻るや花明り」というのがあると聞いた。

春宵《しゅんしょう》に「花明り」を感じさせるのは桜だけではない。連翹《れんぎょう》、菜の花、雪柳、白木蓮《はくもくれん》、辛夷《こぶし》、杏《あんず》なども暗闇にほのかに匂う。むろん、近年流行の「ライトアップ」の華やかさはない。私は戦争に行く年の春に、これが最後と覚悟しながら見た長野市・安茂里の杏の「花明り」が今も印象に残っている。

「行き過ぎて尚連翹の花明り」（中村汀女）

欧米では「春は連翹の花の明るさから始まる」といわれてきたという。

十年ほど前、長崎県の田平《たびら》町に、日本一といわれる、樹齢数百年、高さ一八メートルの白木連の大木を見に行った。昔から漁師が航行の目印にしてきたこの木は、大きい花を枝が垂れ下がるほどにいっぱいにつけ、暗闇に白く浮き上がって、高貴の香を漂わせていた。

「黄泉路《よみじ》にはこの木蓮の明り欲し」（武野恵美）

旧家に住やや ご高齢の武野さんは、俳句を詠むご夫妻だった。

「清水《きよみず》へ祇園《ぎおん》をよぎる桜月夜《さくらづきよ》こよひ逢う人みなうつくしき」（与謝野晶子）

善光寺に隣接する城山公園で今宵逢う人もまた…。

（二〇〇六・四・一五）

白樺の樹液

四十年以上も前に読んだモスクワ郊外の九十年間の生物季節観測資料に、白樺《しらかば》の樹液が流れ出る平均日は四月八日、最も早い観測例は三月二十五日、遅いのは四月二十七日と記されていた。しかし、その時は樹液が流れ出る現象も、その観測方法も知らなかった。が、後年、ロシアでは白樺の幹に穴を開けて壜《びん》をくりつけ、流れ出る樹液を溜《た》めて飲む風習が昔からあったことを知った。流れ出る期間は約一か月という。

私の少年時代の信州には、この風習はなかった。しかし白樺や楓《かえで》の樹液を飲む食文化は中国、韓国、ノルウエー、フィンランド、ロシア、カナダなどにあり、韓国では一二〇〇年前から樹液を神に捧《ささ》げ豊作や健康を祈る薬水祭があった（横山紀昭『森の詩』）。またモスクワのスーパーでは壜詰《びんづ》めが売られている。

日本では北海道でアイヌの人達《たち》の間に、この文化があったらしいが、本州にはなかった。ただし近年は信州を含めて各地で地域起こしの一環として白樺の樹液の製品化が行われており、私も日本製を飲んだことがある。すこし甘味がありスポーツドリンクに似ていて、冷やして飲むと良いと思った。花粉症に効くという人がいるが真偽のほどは分からない。シベリアに抑留された人の話では飲むと尿が増えたという。

英国の詩人は白樺を「森のレディ」と称《たた》えた。長野県では「県の木」。これからは森のレディの体内に春の血潮が漲《みなぎ》り、白い幹の艶《つや》が一段と増す季節である。（二〇〇四・四・一六）

二 清明、穀雨

東京靖国神社の桜（ソメイヨシノ）の今年の開花は平年並みの三月二十八日で、昨年より六日遅かった。ソメイヨシノの満開平均日は小名浜四月十四日、仙台十八日、宮古二十五日、盛岡二十七日、八戸二十八日、青森五月一日。なお、長野市の満開平均日は四月十九日である。

「物事の考え方」を大転換しなければならない東日本大震災の惨状に直面し、季節コラムも言葉を失うが、あえて筆を進めてみたい。

二十四気では太陽暦四月五～十九日が「清明」、四月二十日～五月五日が「穀雨」で、五月六日から「立夏」。「夏も近づく八十八夜」は五月二日である。

天明七年に刊行された「暦便覧」によれば清明は「万物、発して、清浄明潔なれば、この芽は何の草と知れる」、穀雨は「春雨降りて百穀を生化すればなり」（用語一部変更）と説明されている。

この本の刊行の四年前に浅間山が大爆発、天明の大飢《き》饉《きん》が続き、この年も米価高騰、各所に一揆や打ちこわしが起こり、老中・田沼意次はすでに失脚、幕府部局に三年間の倹約令、米穀の買い占め厳禁、酒造は三分の一に減らされた。ちなみに「世の中は三日見ぬ間に　桜かな」で名高い信州伊那谷出身の江戸の宗匠・大島蓼《りょう》太《た》はこの年、「身に入《し》むや　吾に七月　七十度」の句を吐いて九月に七十歳で没した。明治維新は約八十年後である。

（二〇一一・四・一六）

二　晩霞、風香、雨紅

「晩霞　晩霞　太陽落　山寺的鐘声響了響…」、これは『中村雨紅詩謡集』（同詩謡集刊行委員会編、一九七一年）に載っている童謡「夕焼け小焼け」の「華語（中国語）訳」である。私はこの本を朝の散歩道でお会いする八十五歳の老婦人からお借りした。

詩人・童謡作家の中村雨紅（一八九七～一九七二）は現在の東京都八王子市上恩方町出身。前記の老婦人は、戦時中、神奈川県立厚木実科高等女学校の教諭を務めていた中村雨紅の教え子だったという。

「夕焼け小焼け」は一九一九年ごろ作詞され、一九二三年、長野市出身の草川信（一八九三～一九四八）が作曲した。前記の本によれば、草川信は「故郷へ帰ったような気持で作曲し、善光寺や阿弥陀堂の鐘が耳の底に静かに鳴っていた。山々の頂は夕映えで光り、静かで美しかった」と語っていたという。なお漢字の霞は「空や雲が朝日、夕日に色づく現象」をいう。

この本に「夕焼け小焼け」の歌碑の場所が十か所ほどあげられているが、長野県と八王子市に多い。

筆名の「雨紅」は師事していた野口雨情の慈雨に「染まる」意味だという。

『大漢和辞典』によれば「風香、雨紅」は風薫る頃の落花の形容。信州はこれから若葉の彼方に残雪の峰々が晩霞に染まる季節。「山のお寺の鐘」が懐かしい。

（二〇一〇・四・一七）

二 四月大火

四月には大火の記録が多い。例をあげると、一九四七年（昭和二十二）四月二十日・飯田市（焼失戸数三九八四戸）、一九五〇年四月十三日・熱海市（一四六五戸）、一九五二年四月十七日・鳥取市（五二二八戸）などがある。

四月大火の時の天気図を見ると、たいていは日本海または中国東北部方面を発達中の低気圧が通って、強い南風が日本列島を吹き抜けている時か、あるいは、その低気圧から南西に延びる寒冷前線が日本の上を南東進し、強い北風に急変した時に起こっている。

この気圧配置は、気象病、注意力散漫による工場災害、いらいらから起こる人間関係のトラブルなどが起こりやすい天気図型と同じである。強い南風は山国の盆地や日本海側の地方に、フェーン（山越えの乾熱風）となって吹き下りて、火災の勢いを強めるのである。

林業関係者の間では昔から「桜の花が咲くと山火事が多くなる」と言い伝えられてきた。林業の作業やハイキング、山菜採りなどで山林に入る人が多くなる一方、野山はまだ火のつきやすい枯葉・枯草に覆われているからである。一九八七年（昭和六十二）四月二十一日から二十二日にかけては南寄りの強風のフェーン現象で県内各地に山火事が頻発、更埴市、上田市で民家が焼失、一四四人が避難、山林三五三ヘクタールが焼けた。

山火事はたいていい人の火の不始末から起こっている。行楽の車の窓から火のついたたばこを投げ捨てるなどはもってのほかである。（二〇〇三・四・一八）

二　散る桜、残る桜

「蕾《つぼみ》、ちらほら、一分咲き、二分咲き…満開、散り始め、落花盛ん、散り果て」などと、桜の名所の花便りは、短い「花の命」をさらに短く刻んで報じられる。

が、こんな観測記録を読んだことがある。

開いた花と、これから咲く蕾を数えてみると、一割ぐらいしか開いていない時に人は五分咲きと感じ、満開と感じた時でも四割ぐらいはまだ蕾で、先に咲いた花がはらはらと散り始めてから、残りの蕾が開いたという。蕾の色の明るさが満開感を早めに誘うのではないかと思う。

「散る桜　残る桜も　散る桜」……。

お通夜の席などで、故人を偲ぶ高齢の友人が口にするこの句は良寛が詠んだと伝えられる。

「さくらさくら　さくさくらちるさくら」は放浪の俳人・山頭火の句である。

「雲と咲き雪と散りゆく桜かな」（峰鳥）。

花びらの落下速度を測ったら秒速五〇センチから一五〇センチぐらいだった。これは雪片や落ち葉の落下速度とほぼ同じで、風が強いと横に飛び空に舞い上がる。

「何《なに》ざくら彼《か》ざくら銭の世なりけり」

「死支度致《しにじたく》せ致せと桜かな」

ともに小林一茶の句である。

一茶の句と伝えられる奇抜な句には、他の俳人が詠んだものがあるので調べてみたら、前者は一茶の「文化句帖」に、後者は「七番日記」に確かに載っていた。なお、一八八五年（明治一八）大阪で初演のシェークスピア「ヴェニスの商人」の翻案劇の題名は「何桜彼桜銭世中（さくらどき　ぜにのよのなか）」だったという。

（二〇〇六・四・二二）

二　春の雲

明治の文豪たちが、ほぼ同じ年代に雲について書いている。幸田露伴「雲のいろいろ」（明治三十年）、正岡子規「雲」（明治三十一年）、島崎藤村「雲の記」（明治三十三年）。

これらの作家に共通の執筆動機は定かではないが、英国の美術・社会評論家ラスキンの「近世画家論」が、このころ日本に紹介されたことかもしれない。この本には詳しい雲の解説がなされており、藤村は明治三十二年、二十八歳で信州小諸町に教師として赴く際に、この本を携えたと「雲の記」に記している。下って明治四十一年の夏目漱石「三四郎」では、寺田寅彦がモデルの野々宮さんが、三四郎に巻雲の説明をした後、「君、ラスキンを読みましたか」と尋ね、田舎出の大学新入生は憮然《ぶぜん》として読まないと答えている。

「雲好きと菓物好きと集まって一日話してみたい」と書いた子規は「春雲は絮《わた》の如《ごと》く、夏雲は岩の如く、秋雲は砂の如く、冬雲は鉛の如く……」と記した。春の空に見る綿（絮）のような積雲は、大地が暖まって対流が起こり始めたことを示している。モスクワ郊外の自然暦には「積雲群の発生」の平均初日は四月十八日とある。

「春の雲二三片人二三人」（高浜虚子）

「二つづつ二つづつあり春の雲」（中田みづほ）

「雲ふたつ合はむとしてまた遠く分かれて消えぬ春の青ぞら」（若山牧水）。

春の雲を「恋愛そのものなのだ」と詠んだのは宮沢賢治である。

（二〇〇四・四・二三）

二　スプリング・エフェメラル

植物生態学者の故。沼田真さんの文章で、「早春植物」という呼び名を知った。二〜三月に地上に芽を出し、六月末から七月初めまでに地上での生活を終えてしまう植物のことで、広葉樹林の下で育つカタクリなどがその代表である。頭上の大木がまだ裸木で日光が林床に差し込んでくる間に光合成を営み、大木の葉で林内が暗くなるころには、植物としての地上生活を終えてしまう。これは「植物の日光獲得競争の一つの型」で、林内の植物の「時間的な住み分け」と考えられている。

関東平野の雑木林が若葉の茂りで木下闇《こしたやみ》になるころ、信州の高原は、まだ早春で林内は明るく、早春植物が一斉に開花し、時には花の絨毯《じゅうたん》のような景観を呈することがある。これをスプリング・エフェメラル（春の短い命）という。エフェメラルは形容詞では「はかない」、名詞では「短命なもの」の意味があり、虫のカゲロウはエフェメーラと呼ばれている。

『信州季節ごよみ』（長田健・浜栄一著、銀河書房）では、五月上旬ごろ信州の山野に見られるこの種の草花として、キクザキイチリンソウ、アズマイチゲ、ニリンソウ、ムラサキケマン、ヤマエンゴサク、カタクリなどをあげている。カタクリの花言葉は「さびしさに耐える」である。ウィーンの森のスプリング・エフェメラルの代表は日本の早春植物セツブンソウに似たシュネーローゼ（雪のバラ）。セツブンソウの花言葉は「ほほえみ」、「人間嫌い」である。

（二〇〇三・四・二五）

二 春もみじ

自宅近くのJR目白駅で「あおもり・春もみじ」という観光ポスターを見た。白神山地の新緑の写真に「萌黄《もえぎ》色から薄桃色とみずみずしい若葉がいっせいに春のリレーを始めます」と記され、「春もみじ」とは「色どりどりに芽吹く樹々の様子を秋の紅葉にたとえて表現する言葉」と説明されていた。見頃は四月下旬から六月上旬とあった。

それを読んで私は、NHKテレビの仕事で長野県上高井郡の山田・五色・七味温泉を訪ね、松川渓谷の「秋の夕日に照る山もみじ」に見とれていた時、宿の女将が「芽吹きから若葉までの色合いも本当に素晴らしいのですが、紅葉ほどには知られていなくて…」と言っていたのを思い出した。

若葉も紅葉も共に美しいのは落葉広葉樹の雑木林だが、私は東京に出てきて常緑広葉樹のクスノキの「春もみじ」の美しさに目を見張った。

この木の新芽には紅葉の色素と同じ赤い色素のアントシアンが含まれており、赤黄色の若葉が大木の樹冠にむくむくと盛り上がるように茂って、いっとき晩春・初夏の太陽に金色に輝いた。クスノキは関東から南の温暖な地方に分布する常緑樹で、私が育った北信濃にはなく、初めて見た時は桜の花より美しいと感じたものだった。
そういえば王安石（宋）の詩にも
「緑陰　幽草《ゆうそう》　花時《かじ》に勝る」とある。
常緑樹の若葉の季節はまた落葉の季節で、俳句歳時記の初夏の部には樟《くす》若葉、椎《しい》若葉に並んで樟落葉、椎落葉があり、杉落葉、松落葉も初夏の季語になっている。（二〇〇六・四・二九）

山国初夏

〈初夏の便り〉

一　菜の花

家庭菜園の白菜を放置したら「菜の花」そっくりの黄色い花が咲いてびっくり、と友人の便りにあった。友人の言う「菜の花」は菜種油をとるための在来種の油菜で、昔は水田の裏作として方々で「菜の花畑」が見られた。しかし白菜も「菜」だから、その花は「菜の花」である。

例年五月上旬に見ごろを迎える飯山市の菜の花公園に咲いているのは野沢菜の花である。野沢菜は九月に種を蒔《ま》き、漬物用は十一月に収穫するが、種を採るためには雪の下で休眠させて翌年の春に花を咲かせる。

「菜の花畠《はなばたけ》に　入日《いりひ》薄れ／見渡す山の端《は》　霞《かすみ》ふかし／春風そよ吹く　空を見れば／夕月かかりて　匂《にお》い淡し」

一九一四年（大正三）の文部省唱歌「おぼろ月夜」の作詞者、高野辰之（一八七六〜一九四七）は下水内郡豊田村（現・中野市）生まれ。この「菜の花」は野沢菜だったのか、油菜だったのか。

「匂い淡し」の匂いは「夕月の色または光」である。以前、「色にぞ匂ふ」でも書いたが（本書八一ページ）、国語辞書では「匂い」は実に多義だが、古くは「色や光の映え、濃淡」の意味に使われることが多かったらしい。「うの花のにおう垣根に、時鳥《ほととぎす》／早もきなきて…」と歌う「夏は来ぬ」（佐佐木信綱作詞・『新編教育唱歌』、一八九六年）の「におう」も色であろう。卯《う》の花にはほとんど香りがない。

（二〇〇五・四・二九）

二季草

生物季節資料によればノダフジ（野田藤）の開花平均日は宮崎四月八日、東京四月二十三日、飯田四月二十六日、松本五月一日、長野五月三日、盛岡五月十六日、函館五月二十八日である。ノダフジはほぼ全国的に自生し、昔から庭園でもよく植えられてきた。呼び名は、摂津国野田（大阪市福島区野田）が、このフジの名所であったことに由来する。花房は長く二〇〜九〇センチに達する。

フジの花の色には白もあるが、なんといっても藤紫。フジだけでなくライラック、キリ、アジサイ、アヤメ、ラベンダーなど晩春、初夏、梅雨のころは紫の花が多い。

フジの紫については、明治の作家・斎藤緑雨（一八六八〜一九〇四）が、「青皇の春と、赤帝の夏と、行会《ゆきあい》の天《そら》に咲くものなれば、藤は雲の紫なり…」と書いている。中国の五行説では四季の色は青春、朱夏、白秋、玄冬。その春の青と夏の赤（朱）が混じるから紫だというのである。

五月六日は立夏。春の遅い信州でも日差しの強さはすでに夏。手元の俳句歳時記ではフジ、ツツジは春、ボタン、バラ、キリ、ミズキ、カーネーションなどは夏に分類されている。五月は晩春、初夏の二季の季節。春と夏の境目に咲くフジの別名は「二季草《ふたきぐさ》」である。古句に「行く春のうしろを見せる藤の花」（一茶）、「藤つつじ思へば夏のはじめかな」（定雅）とあり、古歌には「いづかたににほひますらむふぢ（藤）の花　はる（春）と夏とのきし（岸）をへだてて」（康資王母《やすすけおうのはは》）と詠まれている。

（二〇〇三・五・二）

二　九十九夜の泣き霜

昨日五月二日は「夏も近づく八十八夜／野にも山にも若葉が茂る」と明治四十五年の文部省唱歌「茶摘み」に歌われた八十八夜であった。昭和初年代に長野師範の付属小学校で学んだ私も音楽教室で歌った記憶がある。言うまでもなく八十八夜は立春（二月四日）から数えて八十八日目のこと。「夏も近づく」は五月六日の立夏を踏まえた表現であることを先生は説明してくれたが、あまり実感はなかったし、「日和つづきの今日この頃を／心のどかに摘みつつ歌う」という風景を見たこともなかった。今年は茶どころの静岡県では露地栽培の新茶の初摘みが、この十年間で最も早く、四月四日に行われたという。

気候表では静岡の五月二日の日平均気温の平年値は一七・二度である。この値は長野、松本では五月二十七日、二十八日、飯田五月二十四日、諏訪六月一日ごろの平年値に当たり、静岡より約一か月遅れている。

「八十八夜の別れ霜」という諺《ことわざ》がある。しかし降霜の最晩記録は、静岡は四月三十日だが、長野は五月三十一日、松本は五月二十九日、飯田は五月二十三日、軽井沢は六月十一日である。

『信州の気候百年誌』（長野地方気象台）によれば「長野県の凍霜害は農作物の生育が始まる四月初めころから六月初めにかけて起こり、そのうち五月の発生は七〇％を占め、中旬ころが最も被害を受けやすい」とある。「九十九夜の泣き霜」、「百五の霜」などの諺が北国や高冷地の農民の間に生まれたゆえんである。

（二〇〇二・五・三）

山国初夏

一昨日の（二〇〇四年五月五日）立夏から暦の夏が始まった。しかし、梅雨明け後の七、八月の暑い期間だけを夏と思っている人は、五月を夏と呼ぶのをためらうに違いない。春が遅い信州では特にその感じが強いことであろう。気候表によると長野市の五月の日最高気温の平年値は二二・二度で、八月の三〇・五度に比べて八度も低い。しかし、今日の太陽の光は八月六日と同じぐらいに強い。五月の季節感は冬の冷涼を残す気温と真夏の強い光から生まれる。気温の清々《すがすが》しさに油断するとひどく日焼けしてしまうのが五月である。信州では牡丹《ぼたん》は五月の花であるが、北宋の詩人・蘇軾《そしょく》は、この花を取り巻く気象を「光風」と「清温」の二つの言葉で表現した。五月は春ならば晩春、夏ならば初夏である。

一九三九年（昭和十四）から五年間、長野や上諏訪で当時の安田銀行に勤めていた詩人・田中冬二（一八九四〜一九八〇）に「山国初夏」と題した詩がある。

「山の傾斜地の林檎《りんご》園では袋かけをしていた／ほととぎすがないた／麦の穂波がひかり　桑の葉はあかるくしろくかへった／縁先近く柿の花がこぼれて　もう薄暑を感じた／夜善光寺の町には　蕨《わらび》夏みかんさくらんぼ／それから芍《しゃく》薬《やく》や菖蒲の剪花《きりばな》を売る露店が出た／槲《かしわ》の葉も売ってゐた」

私は六月五日に長野市で行われる長野県精神障害者地域生活支援連絡会の研修会の講師に招かれた。久しぶりに、変貌《へんぼう》したであろう「山国初夏」を見ることができそうである。

（二〇〇四・五・七）

二　午前十時の花

「三月は年の朝」とロシアではいう。同じ言い方をすれば五月は「年の午前十時」である。日は中天に近くて明るく、長い午後が残されている。先に希望があり、悪いことが立ちはだかっても、それを突破できる活力に満ちている。

十二支を時刻に当てると、真夜中が「子《ね》の刻」（正子）、真昼が「午《うま》の刻」（正午）で、午前十時は「巳《み》の刻」である。「巳の刻」は「巳の時」ともいうが、これには時刻の他に、「物の新しいこと」、「物の盛んなこと」の意味がある。四国の方言では「巳の時」は「稲・麦などの取り入れで最も多忙な時期」、「一番大切な時期」を指している。昔から多くの人が午前十時ごろの活力を感じてきた。

気候表によれば、きょう九日の長野市の平均気温の平年値は一四・九度である。これは東京でいえば四月十九日ごろの平年値に相当する。東京と長野の気温の季節差は約二十日といえる。東京ではボタンの花が四月二十日ごろから咲き始めた。長野では今時分、ボタンの花が咲いているに違いない。

「牡丹《ぼたん》を見るに巳の時をよしとす。巳より後は開けすぎ、花の精神衰え力なし。麗《うるわ》しからず」と、貝原益軒の『花譜』にある。新緑の下、静寂な大気の中で、明るい日差しを浴びて咲くボタンの花は、「午前十時の花」といえる。

牡丹のみならず、すべての花にも人にも、活力の漲《みなぎ》りに漲った「午前十時」があるのではないだろうか。その「ひととき」を心して大切にしたい。

（二〇〇三・五・九）

二　雀の子

「雀《すずめ》の子そこのけそこのけお馬が通る」「我と来てあそべや親のない雀」…小学校三年生

だった昭和初年代に、郷土の俳人・一茶の句で俳句というものを教えてもらった。子供達《たち》はすぐに五七五のリズムの良さを知ったが、俳句に季語が必要なことは習わなかった。そのことを思い出して、俳句歳時記を開いてみたら、単に雀だけでは季語にならないが、親子関係の雀は春の季語になっている。春は小鳥達の産卵、育雛《いくすう》の季節だからである。

「子雀の一尺飛んで親を見る」（藤井紫影）、「落ちて啼《な》く子に声かはす親雀」（太祇）…たどたどしく飛ぶ雀の子を腕白坊主《わんぱくぼうず》はよく追いかけた。雀の子を「たちっこ」と呼んでいた。「巣立ち子」から転じた方言である。

「人の親の烏《からす》逐《お》ひけり雀の子」（鬼貫）、「雀子を巣に戻しけり人の親」（如毛《じょもう》）…人は子を持って初めて親の心を知る。如毛（本名・岡崎知方、一七四九〜一八一六）は信州・上田の酒造家小堺屋の当主。この句は大正年間に修養講話の題材になっていたという。が、「わりなしや瘦せて餌運ぶ親雀」（御風）も人の親の詠んだ句である。

雀が隠れるほどに草木の伸びた状態を「雀隠れ」という。五月十日からバードウイーク。小鳥は新緑の中で子育てに懸命である。ただし声高に初夏を歌っているカッコウやホトトギスは、他の鳥に托卵《たくらん》して子を育てない。「あるけばかつこういそげばかつこう」と山頭火が詠んだのは一九三六年（昭和十一）五月の信濃路である。

（二〇〇五・五・一三）

二　霜くすべ

「八十八夜は種まき盛り／霜を案じる九十九夜」（安曇節）

八十八夜（五月二日）を「別れ霜」とするのは温暖な地方で、信州では「九十九夜（五月十三日）の泣き霜」と言い伝えられてきた。

長野地方気象台管内で平地の最も遅い凍霜害の記録は五月三十一日（一九八一年）だという。高冷地の凍霜害は六月でも起こる。

そういえば安曇節もまた、「安曇六月まだ風寒い／田植布子《たうえぬのこ》に雪袴《ゆきばかま》」と歌う。布子は木綿の綿入れである。

旧制長野中学校（現・長野高校）の五年生の春、登校の道の桑畑が一面黒く枯れてしまったのを見て驚いた記憶がある。長野県の気象災害年表を調べたら、一九四〇年（昭和十五）五月六日と十五日に大霜害が起こっていた。その桑畑は、今は密集した住宅地に変わっている。

ラジオが普及していなかったころは、電力会社の協力を得て、夕食時に電灯を三回点滅して翌朝の霜の恐れを知らせたという。

『信濃歳時記』の春の部に、「霜くすべ」という季題が載っている。古タイヤ、杉の葉、籾殻《もみがら》などを燃やして畑を煙で覆い、放射冷却を弱めることを言い、「村挙《あ》げて一揆《いっき》のごとし霜くすべ」（稲垣陶石）、「霜くすべ真夜の果樹園ただならず」（横前みわこ）などの例句が挙げられている。

凍霜害を受ける農作物の種類も、その防ぎ方も、今は昔とは随分違っているに違いない。

（二〇〇六・五・一三）

二 大提灯、小提灯

間もなく飛来して信州の山野に初夏を告げるホトトギスについて、こんな俳句だか川柳だかがある。

「ほととぎす鳴かず鳴くべの峠かな」

「鳴かず」も「鳴くべ」も、共に「鳴くだろう」（推量）または「鳴こう」（意志）の意味の方言で、峠を境に風俗・習慣の違うことを詠んだ句である。

昔から信濃の国は峠によって区切られた小藩が独自の文化を育てて譲らず、山国根性が強くて、互いに足を引っ張り合い、政界や経済界に団結して進出する気風がないのが欠点だ、と昭和十年代に旧制中学の教室で教師が言っていた。

後年、鹿児島気象台長を務めていた時、信州と薩摩は昔から初等教育の盛んな国だが、「薩摩は大提灯《おおちょうちん》、信州は小提灯」の違いがあると聞いた。薩摩人は大人物が大提灯で道を照らすと、他はその光で団結して進んで行くが、信州人は一人一人が自分の提灯《ちょうちん》を持って暗闇を照らして進むというのである。薩摩の郷中《ごじゅう》教育では「議を言うな」（理屈を言うな）という教訓があったが、この話を私にしてくれた人は「信州の小提灯」を肯定的に評価していたのであった。

話を転じるが、山と高原の詩人・尾崎喜八（一八九二〜一九七四）の「峠」に、次の一節がある。

「風は諏訪と佐久との西東《にしひがし》から／遠い人生の哀歓を吹きあげて／まっさおな峠の空で合掌していた」

この峠は八ヶ岳の頸部《けいぶ》を越える夏沢峠と推定されている。

（二〇〇四・五・一四）

三月過鳥

青葉の山野にホトトギスの初音を聞く季節になった。別名は「卯月鳥《うづきどり》」。本年は今日五月十五日が旧暦卯月二日で、旧暦の弥生《やよい》を過ぎたばかりである。『日本国語大辞典』（小学館）にはホトトギスの異称として「弥生過鳥《すごどり》」も載っている。

そこで私は、これらの別名は日本に渡ってくる季節に由来するものと思い、そのように解説してきた。ところが老齢になって時間の余裕ができ、これまで目を通したことのなかった本を拾い読みしているうちに、全く異なる説に出会った。

山崎禅雄《ぜんゆう》著『水の力』（淡交社刊）にホトトギスの別名として「三月過鳥《みつきすごどり》」が記され、その名は初夏から初秋にかけて三か月過ごしただけで帰ってしまうことに由来するとある。ここで私は、戦中・戦後に信州の佐久に住んでいた佐藤春夫の詩『山中消息其の三』に、「かっこう三月《みつき》　春秋の／野の花三月《みつき》　一月《ひとつき》の／秋晴れの果　八日《ようか》霜…」とあったのを思い出した。

カッコウは三か月で帰ってしまい、秋彼岸の後の八日目に初霜が降りると言い伝えられてきたのだ。カッコウもホトトギスも同じ仲間で托卵の鳥である。

正岡子規の「時鳥《ほととぎす》一尺の鮎《あゆ》串にあり」は「おまえの過ごした三月《みつき》の間に、鮎は一尺の大物に育って、このように串に刺されているぞ」と詠んだものという。

（二〇一〇・五・一五）

二　爽春の信州

手元の辞書では五月《さつき》晴れの意味に微妙な変遷が見られる。『大辞典』（平凡社、一九三五年版）では「梅雨晴と同じ」と記されているだけだが、『広辞苑』（岩波書店、六一年版）では「①さみだれの晴れ間。②転じて五月の空の晴れわたること」とあり、『大辞林』（三省堂、八八年版）では「①新暦五月頃のよく晴れた天気。②陰暦五月の、梅雨の晴れ間、梅雨晴れ」として、『広辞苑』の①と②の順序を逆転させている。『大辞林』は、現在用いられている最も一般的なものを最初に記す編集方針で編まれたという。一方、ほとんどすべての俳句歳時記では五月晴れは「五月雨《さみだれ》のころの晴れ間、梅雨晴れ」の意味に用いられ、『ホトトギス新歳時記』（三省堂、九四年版）では「天気予報などで、陽暦五月の快晴を五月晴れといっているのは、本来の意味からは誤用である」と記されている。

五月を「さつき」と読む場合は「すべて陰暦と考えるべし」と記している歳時記もある。

陰暦の季節の言葉をそのまま陽暦で使うと季節感が合わなくなるのは当然だが、陽暦五月の青空と陰暦五月の梅雨空とではコントラストがあり過ぎる。

陽暦五月に「きょうは爽《さわ》やかな五月晴れ」というと、俳人からは、もう一つ「爽やか」は秋の季語です、とクレームがつく。たしかに大漢和辞典でも「爽節《そうせつ》」は秋をいうとある。が、前にJRの車内広告で「爽春《そうしゅん》の信州」という宣伝文句を見たことがある。（二〇〇三・五・一六）

二　春と夏の二声楽

東京から信州へ旅をすると、高さによる季節の違いを感じることが多い。

長野新幹線がなかったころ、五月中旬に上野から長野まで信越線で旅をした。高崎あたりは、東京ではすでに散ったハリエンジュ（ニセアカシア）の白い花が枝いっぱいに咲いていたが、碓氷峠の山腹では咲いておらず、軽井沢ではレンギョウの黄色やユキヤナギの白が目に染みた。街道ではヤエザクラの花が、そよ風に豊かに揺れ、高さ一五〇〇メートルぐらいの山腹は、まだ、うす緑のかすみがかかった「芽吹き山」で、コブシの白い花も見えた。

軽井沢測候所（海抜九九九メートル）の五月の平均気温は一一・六度で、東京の四月一日ごろの気温と同じである。気温は高さ一〇〇〇メートルにつき約六度の割合で下がる。いまごろの平均気温六度差は約四十五日の季節の違いに相当するのだ。そういえば札幌の五月の平均気温は一二・一度で軽井沢と大差ない。高さ一〇〇〇メートルの季節差は水平距離約九〇〇キロの南北差に当たるともいえる。

高原への旅は気温の季節をさかのぼる旅である。しかしさかのぼれないのは光の強さ。五月の光は梅雨明け後の真夏の七月ごろと同じで、紫外線も特に強い。

「くゎっとふりそそぐ日光／冷たい風／春と夏の二声楽《デュエット》……緑と金……」

北原白秋は五月の季節感を、こう表現した。緑は若葉、金は明るい日差しであろう。この感じは高原や北国の五月に一層著しいようである。

（二〇〇二・五・一七）

青葉若葉の日の光

芭蕉が「おくのほそ道」の旅に出発したのは元禄二年三月二十七日の早朝。「上野谷中の花の梢《こずえ》又いつかはと心細し」と記している。

この日付は現行の太陽暦では五月十六日で、すでに初夏。そこで、この部分を「今はもう散っているが上野・谷中の桜を見ることのできるのは、いつのことかと……」と記している現代語訳もある。「おくのほそ道」は漢詩、古歌、故事などが巧みに組み込まれ、文学的虚構がなされている個所が多いらしい。

日光山（二荒《ふたら》山、男体山）に詣でたのは太陽暦五月十九日で、「あらたうと青葉若葉の日の光」と詠んだ。翌日訪れた裏見の滝は海抜八七〇メートル。その時分の日平均気温を海抜高度から推測すると約一二度で、東京の四月三日、長野市の四月二十一日の気温である。まだ青葉には早すぎるから、これも文学的虚構という人もいる。

が、五月下旬の光は「気温の季節」にはるかに先行して真夏の強さ。山頂に向かって青葉、若葉、木の芽が光っていたのであろう。

芥川賞作家の池澤夏樹さんは、紀行文「サハリン、北緯四七度の白樺林」で、六月中頃《ごろ》の風景を、「白樺の葉の緑は陽光を透かして空気全体をその色に染めていた」、「強い日射しと冷たい風という組み合わせは緯度の高い地方に特有の現象かもしれない」と記している。

信濃路の高原もまた、その感が強い。前記の日平均気温一二度は軽井沢の五月二十日ごろの平年値である。

（二〇〇八・五・一七）

リラの人生

フランス語名リラ、英語名ライラック、和名「むらさきはしどい」。この花を、少年時代、長野市では見たことがなかったが、名前だけは戦時中に知った。東海林太郎さんが直立不動で「リラの花散るキャバレーで逢《あ》うて今宵《こよい》別れる街の角…」（「上海《シャンハイ》の街角で」）と歌い、ディック・ミネさんが体を揺らして「リラの花散る今宵は君を想《おも》いだす…」（「上海ブルース」）と歌っていたからである。その甘いメロディーに若者たちは、ひととき、戦争を忘れようとした。

「家ごとにリラの花咲き札幌の人は楽しく生きてあるらし」（吉井　勇）

一九七七年（昭和五十二）から二年間住んだ札幌ではライラックの花をよく見た。北国の気象台のライラックは五月下旬に紫の見事な花をつけ、その花を見て通る人が芝生を踏んで「おのずからなる細道」ができていた。ライラックは札幌の「市の花」。今年は五月二十～二十二日に「第四十七回さっぽろライラックまつり」が行われる。

六十歳過ぎてからNHKの番組の取材で、信州の町や村で、ライラックの花をよく目にした。気候表を見たら、五月の月平均気温は平地の札幌気象台と標高約一〇〇〇メートルの軽井沢測候所が共に同じ一二度で、私はなんとなく納得した。

白花ライラックもあるが、色見本帳では古代紫の英語名はフレンチュ・ライラック。「ぼくの人生よリラのよう、半分はブルー、半分はバラ色」と歌うシャンソンがあるという。

（二〇〇五・五・二〇）

二　水恋鳥、雨乞鳥

信州では赤翡翠《あかしょうびん》が鳴き始めたであろうか。この夏鳥は全身濃赤色。緑や谷間や水辺の森に棲息《せいそく》し、サワガニ、カエル、川魚、カタツムリ、トカゲなどを食べ、キョロローキョロローと鳴く。梅雨期によく鳴くので、「赤翡翠が来ると雨が降る」と言われ、水恋鳥として古歌に詠まれ、雨乞鳥《あまごいどり》の名もある。

私は一九八二年（昭和五十七）、鹿児島気象台長に赴任した五月に、この鳥の声を初めて聞いた。定年を目前にした転勤の感傷のせいか、言い知れぬ哀調を感じたが、その時、今は亡き妻が「残りの二年間をのんびり過そうと思わないで、ここでの仕事が次の飛躍につながるように努力しましょうよ」と励ましてくれた。

そして定年退職の翌日からＮＨＫの解説委員となり、「倉嶋厚の季節の旅人」などのテレビ番組の取材で、広島県の三段峡や北海道日高・静内町の公園で、この鳥の声を聞いた。また東京西郊の陣場山の谷間で長年、生物季節を記録している古老を訪ね、赤翡翠の声は八六年を最後に聞かれなくなったこと、八一年の初鳴きは五月二十八日だったことなどを知った。

長野市のパン屋の娘さんを愛妻とし、北信の風物をこよなく愛した津村信夫（一九〇九〜四四）の「戸隠の爐《ろ》端」を詠んだ詩に、「お社のうしろで真紅《まっか》な鳥を見た」という宿の主人の言葉が記されている。彼の定宿は中社の近くにあった。この赤い鳥は水恋鳥に違いない。近年も時折、戸隠高原の赤翡翠が季節ニュースになる。

（二〇〇四・五・二一）

ニセアカシア

初夏から梅雨にかけて咲く花で、少年時代（昭和十年代）の思い出に残っているものにアカシアの花がある。旧制長野中学校の庭にアカシアの大木があり、一学期の中間試験のころ甘い香りの白い花をつけた。

「この木は本物のアカシアではなくニセアカシアというんだってさ」と三歳上の兄が教えてくれた。

札幌気象台に勤務していたころ、北国の初夏の街を飾る印象的な花は、五月のライラックと六月のアカシアだった。「この道はいつか来た道／ああ　そうだよ／あかしやの花が咲いてる」は、北原白秋が札幌に行った時に詠んだ。石川啄木もまた札幌について、「アカシアの街路樹の下を往来する人は男も女もしめやかな恋をいだいて居る様に見える」と書いた。

しかしアカシアは札幌の「市の木」を決める市民投票では、僅差《きん》でライラックに席をゆずった。この木の正式の名がニセアカシアであることが、落選の背景にあったようである。

私は「北国の街に暮らすかぎり、アカシアをニセとは呼ぶまい」と、読売新聞全国版に書いたことがある。すると西日本の読者から、本物のアカシアを見たら、そんなことはいえないはずだ、という抗議の投書があった。後年、三月下旬、四国の小豆島で、山腹の道を真黄色に染める銀葉アカシア（ミモザとも呼ばれている）の並木を見て、投書者の気持ちが分かった。

すべて事物の名前は、愛情をこめて慎重につけるべきであろう。

（二〇〇三・五・二三）

雪形と草履道

季節は過ぎたと思うが、雪形について書いておきたい。

高山の残雪や雪間に現れる岩肌の形を人や動物などに見立てて、農耕の季節の目印にする風習は古くから各地にあり、昔は雪占《うら》と呼ばれていた。雪形は一九四三年ごろから使われ始め、『広辞苑』では第三版（一九八三年）から載り始めた比較的新しい言葉である。田淵行男さんの労作『山の紋章・雪形』（学習研究社、八一年）には全国の三百以上の雪形が記されている。

よく知られている白馬岳《しろうまだけ》の雪形は、山肌の雪間の黒い部分を代《しろ》かき馬（田植え前の耕作に使う馬）に見立てたものである。しかし「代」が「白」に転じ、白馬村などの地名ができた。実際の雪形の馬は色は黒い。

ＮＨＫの気象キャスターを務めていた頃、松本放送局からの「鞍馬天狗」という新しい雪形の映像を放送したことがあったが、いまは知られているだろうか。

山形県の米沢盆地では、西吾妻の中腹にスキー場ができたため「白馬の騎士」と呼ばれる新しい雪形が現れたと聞いた。

雪形が見えるころ、平地の道路は雪が消えて乾き、草履でも歩けるようになる。

「蝶とぶやしなののおくの草履道」（一茶）

雪国では草履道は冬の別れの喜びの象徴であった。が、山形では「鼻の下、草履道」という言い伝えを聞いた。鼻の下が乾いて干上がる、つまり暮らしが立たないというしゃれである。

（二〇〇二・五・二四）

気象学会藤原賞

去る五月十七日、東大安田講堂で、私は日本気象学会藤原賞を受けた。授賞理由は「季節変化と天気の動態に関する研究および気象解説による気象学・気候学の普及における功績」で、私は受賞記念講演で「風水害の時代的変遷と防災気象情報の発展」について述べた。

この賞は第五代中央気象台長・藤原咲平博士（一八八四〜一九五〇、諏訪市出身）の名を冠した賞で、これまで多くの世界的に有名な気象学者が受賞しているが、天気予報の現場で仕事をしてきた者への授賞は多分、初めてのことである。

藤原博士は帝国学士院会員、東京帝国大学教授という大学者であったが、昭和初年代に天気予報に従事し、広く国民から「お天気博士」として親しまれた。授賞式で「倉嶋さんは長野県出身の二代目のお天気博士である」と、京都大学の木田教授が言ってくださった時は嬉《うれ》しかった。

藤原博士は一九三三年（昭和八）に「予報者の心掛け」として「酒を飲むと頭が明晰《めいせき》になったように感じるが、それは妄想である」、「自分の前に出した予報にひきずられるな。自分の発見した法則、前兆を買いかぶるな」、「非常にまれな場合を狙って、予報に奇跡を願ってはいけない」、「人から言われて、そんなことは気づいていおるぞという気のおこる人は、他人から容《よう》喙《かい》してもらわぬ方がよい」などと、ご自身の体験を書いておられるが、深く暖かい人間味が感じられる。

六月一日は第一三〇回気象記念日である。　（二〇〇五・五・二七）

クローバー

晩春・初夏の青空の下で「四つ葉のクローバー」を探したり、その白い花で髪飾りや指輪を作ったりした思い出を持つ人が多い。

クローバー（clover）の語源は葉が三つにクリーブ（cleave、裂ける）していることに由来し、三つ葉には信仰、希望、愛を当て、四つ葉には幸運を加える。「一枚は評判、一枚は富、一枚は心変らぬ恋人、もう一枚は健康」という古い英語のわらべ歌もあるという。

クローバーは江戸時代の末期にオランダから来た荷物のパッキングに使われていた枯れ草の種子が日本に根付いたもので、ここからシロツメクサ（白詰め草）の名が生まれた。花の赤いアカツメクサもある。

『日本植物方言集』（八坂書房）には五十八種のシロツメクサの方言が載っている。全国的に共通なウマゴヤシは馬の飼料になったからだが、ウシクワズと呼ぶ地方もある。牛はこの草を食わないのだろうか。

シロレンゲ、セーヨーレンゲは言いえて妙。長野県で採取されたイジンバナ、ユビハメはわかるが、ホーレグサ、ジョーメクサ、モクシクは何故そう呼んだのか私にはわからない。なおウマゴヤシを方言ではなく正式の名とする別の草がある。

英語の辞書には「安楽に暮らす」意味の「クローバーの中で暮らす」という成句が載っている。この草の生えている所は地味が肥え、家畜の飼料が豊富なことから出来た言葉らしい。日本語ではクローバーは「苦労葉」と聞えるのだが…。

（二〇〇六・五・二七）

二　木漏れ日

「木漏れ日」について、いくつか文章、詩句をあげてみよう。

「青葉の頃《ころ》其《その》林中に入りて見よ。葉々《ようよう》日を帯びて、緑玉《りょくぎょく》、碧玉《へきぎょく》、頭上に蓋《がい》を綴《つづ》れば、吾面《わがおもて》も青く、若《も》し假睡《うたたね》せば夢亦《もまた》緑ならむ」（徳富蘆花『自然と人生』）

「わが故郷は、楠樹《くすのき》の若葉仄《ほの》かに香ににほひ、／葉びろ柏《かしわ》は手だゆげに、風に揺《ゆら》ゆる初夏《はつなつ》を、／葉洩《も》りの日かげ散斑《ばらふ》なる糺《ただす》の杜《もり》の下路《したみち》に…」（薄田泣菫『望郷の歌』）

「私達《たち》の頭の上では、木の葉の間からちらっと覗《のぞ》いてゐる藍色《あいいろ》が伸びたり縮んだりした」（堀辰雄『風立ちぬ』）

「葉桜の中の無数の空さわぐ」（篠原梵）

東京の気象庁に勤務していた頃、通勤の途中に都心には珍しく豊かな雑木林の公園があり、「葉洩りの日かげの散斑」が、無数の円形または長円形の水玉模様になっているのをよく見た。円いのは若葉の隙間《すきま》を通った光が地面に太陽の像を結ぶからである。小さい隙間は写真機のレンズと同じような結像作用があり、昔は、この原理を応用して、レンズなしの原始的なピンホール・カメラ（針穴写真機）が作られていた。

日食の日には、木洩れ日の太陽像も見事に三日月型に欠けて、風で梢《こずえ》が揺れると、千鳥の群れが地面を飛んでいるように見えた。その写真は近刊の拙著『癒《いや》しの季節ノート』（幻冬舎）に掲載してある。「木洩れ陽《び》は太陽のかたちと知りし日の天の時地の時私の時」（蓮見安希）

（二〇〇四・六・四）

「唐傘一本」の覚悟

〈梅雨入りの頃〉

二次災害の教訓

一九四二年～四四年、中央気象台付属気象技術官養成所（現在の気象大学校）で学んでいた私は、長野市に帰省するために信越本線の各駅停車の汽車を使った。上野から長野まで六、七時間はかかったと思う。

横川駅と軽井沢駅の間は、碓氷峠の急斜面を昇降するためにアプト式鉄道になっていて、その中間の峠の中腹にスイッチバック方式の「熊の平」駅が設けられ、信越本線が複線化するまでは、上り、下りの列車の行き違い駅となっていた。ホームでは「ちから餅」と呼ばれる「あんころ餅」が売られていた。

一九五〇年（昭和二十五）六月八日夜、この駅に土砂崩れが起こり、トンネルや線路が埋まった。そして夜を徹しての復旧作業が行われていた時、二回目の大崩壊が起こり、鉄道官舎の家族を含めて五十人の命が奪われた。いまはこの駅はなくなったが、災害現場には、山のかなたを悲しそうに見つめる母子像が立っているはずである。私はその頃、中央気象台の予報現場で、レッドパージの嵐に翻弄《ろう》されており、この災害の記憶はない。が、次に記す惨事は、気象庁で防災気象官を務めていたので、鮮明に覚えている。

一九七二年（昭和四十七）七月五日、高知県土佐山田町に山崩れが起こり、警戒中の消防団員一人が生き埋めになり、約四時間後の二回目の山崩れが、救出作業中の消防団員六十人をのみこんでしまった。六、七月は梅雨前線豪雨の季節。二次災害の教訓を覚えておきたい。

（二〇〇二・六・七）

「唐傘一本」の覚悟

六月十日は暦では「入梅」。「入梅」は十一日のことが多いが、閏《うるう》年の今年は十日になった。

日本洋傘振興協議会は十一日を「傘の日」と定めている。十日は、また「時の記念日」。日本書紀の時の測定が始まった日付を太陽暦に換算したのが由来である。そこで今回は傘と時計について「辞書遊び」をしてみた。

傘の諺《ことわざ》は実に多いが、中に「唐傘《からかさ》一本」というのがある。破戒僧が寺を追放される時、傘一本だけは持ち出すのを許された。「寺を開かば唐傘一本」ともいう。師にそむいて新しい宗旨の寺を開こうとすれば、追放されてもやり抜く決心が必要である。長い人生には「唐傘一本」の覚悟が必要な時が一度や二度はあるように思う。

国語辞書に「夜漏《やろう》」という言葉が載っている。熟睡した坊やの失敗のことではない。時刻を漏刻《ろうこく》(水時計)によって測っていた時代の言葉で、夜の時間を夜漏、昼の時間を昼漏《ちゅうろう》と呼んでいた。水時計の管理者は漏刻博士。漏刻に水を満たすのは夜明けと日暮れの二回で、「漏尽《ろうつ》く」は昼か夜かが終わった意味である。

英語の時計はクロックまたはウオッチ。前者は柱時計、置き時計などで、ウオッチは懐中時計や腕時計。ウオッチには「見守る」の意味がある。クロック・ウオッチャーは直訳すれば「時計の見張り人」だが、「時計ばかりながめていて仕事をしない怠け者をいう」と英語の辞書にある。

(二〇〇八・六・七)

二 リラ冷え、梅雨寒

冬から夏に向かって起こる寒さの戻りを、昔から、二月なら余寒、寒の戻り、冴《さ》え返る、三〜四月は花冷え、四〜五月は若葉寒、新緑寒波、六月は梅雨寒《ざむ》などと呼んできた。これらの言葉の系譜に「リラ冷え」が仲間入りしたのは、渡辺淳一さんの札幌を舞台にした小説「リラ冷えの街」（一九七一年）に端を発している。

「リラ冷え」は渡辺さんの造語で、作品では、別れの日に残照の中で紫のパステルカラーのリラの花が咲いている街角の「冷え込み」だが、今では「寒の戻り」の意味で北国の市民の間に定着している。

気象庁に勤めていたころ、東欧圏に出張して、ロシアでは、マハレブ桜の咲く頃《ころ》の「桜冷え」や新緑の頃の「樫《かし》の若葉冷え」、ポーランドでは「庭師の冬」という言葉に出合った。また来日した韓国の気象局の予報課長からは、「花冷え」を「花ねたむ寒さ」（コッセムチュイ）」とか「花ねたむ風（コッセムバラム）」と呼ぶと聞いた。

「寒さひだるさ苗代時」、「田植え布子《ぬのこ》に麦まき帷子《かたびら》」…布子は綿入れの着物、帷子は夏用の単《ひとえ》の着物。昔から「季節の逆流」の中での農作業が多かったらしい。「焚火《たきび》してもてなされたるついりかな」（白雄）。加舎白雄（一七三八〜一七九二）は上田藩士の次男である。梅雨が明けて七月下旬に気温が下がると、人々は「土用の秋風」といい、季節の戻りではなく、次の季節の前触れと感じるようになる。一年の折り返し点が近づいている。

（二〇〇五・六・一〇）

二　荷奪い、半化粧

明日は雑節の一つの入梅で、天球を年周運動（実は地球の公転）する太陽が黄経八〇度を通過する日である。十日後の六月二十一日は二十四気の夏至で黄経九〇度、さらにその十一日後の七月二日は半夏生《はんげしょう》で黄経一〇〇度を通る。

季節変化の原因は太陽の地球に対する照らし方の変化であるから、月の満ち欠けで年月を数える太陰暦は、日付で季節を判断できなかった。

そこで太陽暦の上に「太陽の季節点」である二十四気やいくつかの雑節を刻んで、季節の目印にしたのである。その意味で昔の暦は単なる太陰暦ではなく、太陰太陽暦であった。

太陽暦の日付は毎日が「太陽の季節点」であるから、二十四気や雑節の日付も年により一日前後するだけだが、太陰暦では暦面上を大きく移動するので、その日付を知ることは特に農民にとって重要であった。

江戸時代の絵暦では入梅は盗賊が荷物を担いでいる姿で示されている。「荷奪《にうば》い」＝「入梅」のしゃれである。

半夏生の日には禿頭《とくとう》の人が描かれている。「ハゲ症」というわけである。

半夏生は植物の半夏（カラスビシャクの漢名）が生えるころの意味だが、昔は、このころまでに田の草取りが済んでいればよいといわれ、梅雨後期の洪水を半夏水《はんげみず》と呼んで警戒した。

前記のカラスビシャクとは別に、ドクダミ科のハンゲショウがあり、上部の緑の葉が半分ほど白く変色し「半化粧」する。別名は片白草《かたしろくさ》。茶花に用いられる。私は少年時代の信州で、入梅はよく耳にしたが、半夏生は知らなかった。

（二〇〇六・六・一〇）

二　雨に咲く花

梅雨どきの花のいくつかについて書いてみたい。

「うの花のにおう垣根に　時鳥《ほととぎす》　早もきなきて　忍音《しのびね》もらす　夏は来《き》ぬ」は一八九六年（明治二十九）から歌われた小学唱歌で佐々木信綱作詞。「早もきなきて」は子どもには分かりにくい歌詞だったが、「早も来鳴きて」である。そして「さみだれのそそぐ山田に…」と続く。

卯《う》の花を腐らせるように降る長雨を「卯の花腐《くた》し（降《くだ》し）」という。この雨は普通、「走り梅雨」とされているが、卯の花は地方により「梅雨花」「田植え花」と呼ばれており、梅雨どきの花である。

「五月雨にぬれてや赤き花柘榴《ざくろ》」（野坡《やば》）と詠まれた柘榴もまた「黴雨花《つゆ》」。中国でも旧暦五月を榴月《りゅうげつ》と呼んだほどに、柘榴は今時分の花だった。花の赤さは榴火と表現され、「万緑叢中紅一点」（王安石）もこの花。紅一点は多数の男性の中に目立つ一人の女性の形容になっているが、近ごろは才能豊かな女性が紅点々と活躍している。

雨に咲く花として真っ先にあげられる紫陽花《あじさい》は、色を変える故に「昨日今日あすと移らふ世の人の心に似たるあぢさゐの花」（佐久間象山）、「紫陽花やきのふの誠けふの嘘《うそ》」（正岡子規）などと詠まれてしまった。また「紫陽花や朝の雄ごころいつ消えし」（加藤楸邨《しゅうそん》）とも。そして俗謡には「迷うあじさい七色変わる、色が定まりゃ花が散る」とあり、書斎の窓に雨の音を聞きながら、道に迷っているばかりだった青春の日々をふと思い出す。（二〇〇四・六・一二）

二　梅雨と栗の花

手元の植物図鑑によれば、栗《くり》の木の花期は六〜七月とあるが、栗の栽培で名高い信州・小布《おぶ》施《せ》ではいつごろ咲き始めるのであろうか。

三一四年前の陽暦五月に「おくのほそ道」の旅に出た芭蕉が、福島県郡山盆地の須賀川市あたりで、「世の人の見つけぬ花や軒の栗」と詠んだのは、太陽暦の六月十一日、入梅のころだったと推定されている。栗という字は西の木と書いて西方浄土に関係があるから、行基菩薩《ぼさつ》が一生杖《つえ》に用いたという、と前書きに記している。

福島県の南の『栃木県の気象』によれば栗の開花の平均日は六月十三日であるから、多くの地方で栗の花は梅雨の始まるころに咲き始めるようである。

そういえば昔から日本各地で、「栗の花盛りには雨天続く」、「栗の花霖雨《りんう》」、「田植え半ばに栗の花」などといわれてきた。霖雨は長雨のことであり、昔の田植えは現在よりもずっと遅くに行われていた。また「墜栗花雨」と書いて「ついりあめ」、「栗花落」と書いて「つゆ」「つゆり」と読んできた。後者は人の姓になっているが、その由来については奈良時代の宮廷の恋物語がある。

ぬれた地面に落ちて淡黄色に染めるのは、ひも状の雄花である。雌花は緑色で目立たないが、発育して「いが」になり、実を包む。雄花の発する独特の強い香りは虫を誘うが、女流俳人として名高い桂信子さんは「栗咲く香にまみれて寡婦《かふ》の寝ねがたし」と詠んでおられる。

（二〇〇三・六・一三）

二　火垂る、星垂る

気象庁の生物季節観測資料によれば、ホタルの平均初見日は飯田六月十九日、長野六月二十八日、松本七月五日である。日本のホタルは四十二種を数えるが、よく人目につくのはゲンジボタルとヘイケボタルで、気象台・測候所でもそのいずれかを観測している。毎年六月中旬から「ほたる祭り」が行われる辰野町松尾峡に乱舞するのもゲンジボタルである。

ホタルの語源は「火垂《ほた》る」、「星垂る」。ゲンジボタルの名は「源氏物語」の光源氏に由来する（異説もあり）。

ゲンジボタルの名の後で、対照的にヘイケボタルの名が生まれたらしい。ゲンジの幼虫は清流の巻き貝カワニナを、ヘイケの幼虫は水田、池のヒメモノアラガイやタニシなどを食べる。

長野県のホタルについては『信州の自然誌・ゲンジボタル』（信濃毎日新聞社、一九九〇年刊）に詳しい。著者の三石暉弥《てるや》さんは出版当時、長野西高校の教諭。新入生へのアンケート調査では、一九七八年には全員が「ホタルの実物を見たことがある」と答えたが、九〇年には、この答えは五四・七％に減ったという。

ゲンジボタルは日本産では最大で、別名オオボタル。「大蛍ゆらりゆらりと通りけり」は一茶の句。「蛍のやどは川ばた楊《やなぎ》／楊おぼろに夕やみ寄せて／川の目高《めだか》が夢見る頃《ころ》は／ほ、ほ、ほたるが灯をともす」は一九三二年（昭和七）から歌われた小学校唱歌である。

（二〇〇五・六・一七）

明早し、暮遅し

太陽が北半球を最も強く照らす夏至月の六月は、一年中で空が一番明るい季節である。が、その明るい空が一面に低く垂れ込める梅雨雲に閉ざされてしまう。そこで五月闇《さつきやみ》、梅雨闇などの季語が生まれた。むろん、この五月《さつき》は旧暦であり、この闇は夜だけではなく昼間の暗さを強調したものである。

しかし梅雨の中休みで梅雨晴《ばれ》（本来の意味での五月晴）になると、六月の空の明るさに改めて驚く。明日の長野市の日の出は午前四時二十八分だが、その前に薄明があるので、夜が白み始めるのは四時ごろである。俳句歳時記には今時分の季語に「明易《あけ》し」「明早し」「明急ぐ」などが並んでいる。また日の入りは午後七時九分で、その後三十分ほど薄暮が続く。本欄にたびたび登場した詩人・田中冬二（一八九四～一九八〇）の「千曲川の歌」にも「麦秋は暮れおそく　かの山裾《やますそ》の桑の葉の中をゆく信越線の下りも灯を点《とも》さず　麦の穂波に未だ薄光はのこり…」とある。ただし俳句では「明早し」が夏の季語なのに対して「暮遅し」「夕長《ゆうなが》し」は春の季語になっている。これは昼間が伸びていく過程にある春を日永《ひなが》ととらえ、その極である夏を短夜《みじかよ》と感じたことに結びついたものであろう。

今時分は勤めから帰宅して夕食を済ませた後も夕晴れの散歩道は明るく、薔薇《ばら》の花が香っている。

「暮るるかとみれば明けぬる夏の夜をあかずと鳴くや山郭公《ほととぎす》」(壬生忠岑《みぶのただみね》「古今集」)

(二〇〇四・六・一八)

二　外相整いて内相熟す

青葉が梅雨に静かに濡れる日、来し方八十年余を振り返る読書をしてみた。

少年時代から私は、さまざまな強迫観念に悩まされてきた。老いた父は統合失調症を疑って、幻視、幻聴があるかと何度も尋ねた。その私を救ってくれたのは、父の書棚の東京慈恵医大名誉教授・森田正馬著『神経質ノ本態及療法』(一九二八年刊)だった。

私はこの本から次のことを学んだ。①神経症の人は、高いハードルの「かくあるべし」を設定する一方、その実現に不利な条件を過剰に意識する。②そして実態以上に不安を拡大し、逃避し敗北し後悔し劣等感に悩む。③そこから脱出するには、「かくある」自分の欠点を「あるがままに受け入れ、それに「とらわれず」に、先ず目標に向かって具体的に歩み出し、時には「恐怖突入」する必要がある——。

森田教授の説を継いで発展させた多くの精神科医の著書を読んでいて、「外相整いて内相自ら熟す」という言葉に良く出会った。外面的な形式を正しく整えていけば、内心の悟りも自然と得られるという意味だが、「徒然草」に同様の言及があると聞いたので探してみたら、第一五七段に「外相《げそう》もしそむかざれば、内證《ないしょう》必ず熟す」とあった。

（二〇一一・六・一八）

五風十雨の願い

〈梅雨から盛夏へ〉

二　男梅雨、女梅雨

国語辞書には男と女を対比させた言葉が意外に多い。例えば漢字は男文字、ひらがなは女文字。険しい男山と、なだらかな女山。同様に男坂と女坂。そして男《お》波と女《め》波。硬水は男水で軟水は女子水《おなごみず》。運が向いて何事もうまく運ぶ時を男時《おどき》、逆を女時《めどき》というのは差別用語のように思われるが、辞書には載っている。

一方、辞書にはないが、ザアザア降りの陽性梅雨を男梅雨、シトシト型の陰性梅雨を女梅雨と呼ぶことがあり、「いつしかに門扉濡《もんぴぬ》らして女梅雨」、「水甕《みずかめ》のダムには喜雨《きう》の男梅雨」（瀧春二）などと詠まれている。

シトシト型の梅雨はオホーツク海方面の高気圧から冷たい北東気流が流れ込んでくるときに現れ、長引くと冷害になる。時期的には梅雨前期、地域的には北日本、東日本に多い。ザアザ降りの梅雨は南の太平洋高気圧の縁に沿って高温多湿の熱帯気流が流入する時に現れ、西日本に多い。「四満十《しまんと》の濁流猛《たけ》る男梅雨」（楓　巌涛）…四万十川は高知県西部を流れている。

梅雨後期には東日本、北日本でも暴れ梅雨になりやすい。一九六一年（昭和三十六）六月二十四日から始まったこの年の梅雨前線豪雨は全国的に死者・行方不明三五七人の大災害を起こしたが、長野県では一三六人の人命が失われた。南西からの熱帯気流が流入した伊那谷には高さ一万メートルの積乱雲が林立し、昼間なのに真っ暗となり雷が鳴り続けた。そして飯田市の六月二十七日の日雨量は県内の観測史上第一位の三二五ミリに達した。（二〇〇五・六・二四）

深窓佳人、田植え花

大盃《たいはい》、酔美人、笑布袋《わらいほてい》、剣の舞、猿踊《さるおどり》、熊奮迅《くまふんじん》、鬼が島……。

酒席が次第に乱れていく様子を表したような言葉が並んでいるが、いずれも明治神宮の菖蒲園で見たハナショウブの品種名である。

二十年ほど前にNHKテレビの取材で訪れた時、花の根元の木札に記された名前の面白さにつられてノートしておいたもので、むろん五月晴、紫のうてな、花の帳《とばり》、深窓佳人など優雅な名前もたくさんあった。

ハナショウブは野生種のノハナショウブを園芸用に品種改良したもので、特に江戸時代にたくさん作られ、現在も毎年のように新しい品種が生まれ、約二千種が存在するという。バラに多くの優雅な品種名があるのと似ている。

私が明治神宮の菖蒲園を訪れたのは六月中旬だった。信州と東京の季節の差は平均して半月ぐらいだから、信州ではこれからが見頃ではないだろうか。

『日本植物方言集成』(八坂書房)によればハナショウブを「田植え花」と呼ぶ地方が、特に東北地方に多い。また、地方によりウノハナ、タニウツギ、ハコネウツギ、ヤブカンゾウなども「田植え花」。

さらにハナショウブをカッコウバナとも呼ぶ。今は田植えの季節はずいぶん早まったが、昔はカッコウの鳴く梅雨時だった。そして重労働に備えて作った「お田植え料理」はニシンの昆布巻きや朴葉飯など。

「しなのぢや山の上にも田植笠」

「蕗《ふき》の葉にいわしを配る田植かな」

共に一茶の句である。

（二〇〇六・六・二四）

さみだれ髪

梅雨どきには美容院に行く回数が多くなる、とよく言われる。髪の毛は空気が湿ると伸びるので型が崩れやすいというのが、その理由である。

「さ乱れ髪」という言葉がある。辞書には「さ」は接頭語で、多く五月雨《さみだれ》とかけて言う、とある。また源氏物語の「蛍の巻」に、暑い五月雨の日に髪の乱れるのも知らずに、物語を書き写している女官達《たち》の姿が描かれている。

空気の湿り加減と髪の毛の伸び縮みとの関係を利用した毛髪湿度計は一七八三年、スイスの物理学者ソーシュールによって初めて作られた。ヨーロッパの発明品のせいか、長い間、毛髪湿度計にはヨーロッパ女性のブロンド（金髪）が一番だといわれてきた。さらに話を面白くして「美人の」という条件がついた。

一九四〇年（昭和十五）ごろ、中央気象台（現在の気象庁）の工作課では、高層気象を観測するためのラジオ・ゾンデ用の毛髪湿度計を作っていた。ところが落雷による中央気象台の火災で、輸入品の一キログラムのドイツ婦人の貴重な金髪を焼失してしまう。そこで数寄屋橋際の外国婦人がよく来る美容院からブロンドの落毛《おちげ》を譲り受けて急場をしのいだという。後に大和撫子《やまとなでしこ》の黒髪も化学処理をすれ十分に役立つことが分かった。

ラジオ・ゾンデの毛髪湿度計は一九八一年からカーボン湿度計に変わったが、それまでは髪の毛の伸び縮みのデータで予想雨量が計算されていたのである。

（二〇〇四・六・二五）

二　七月のお槍

諺《ことわざ》に「六月三十日《みそか》は年の臍《へそ》」という。今年もすでに一年の半分が過ぎてしまった。一月一日から通して数えた通日《つうじつ》でいえば、昨日は通日一八三日、今日は一八四日である。今年は閏年《うるうどし》で一年は三六六日だから、昨夜半が「年の臍」だった。

七月の行事には七夕、盆、中元がある。これらはみな旧暦七月の行事であったが、明治以降、旧暦の季節行事は、そのまま太陽暦の日付に移行する、月遅れにする、旧暦の日付を厳守する、の三つの場合に分かれた。第一の場合は季節感が著しくちぐはぐになり、七夕も盆も初秋の行事なのに、東京では夏の土用前に行われている。また旧暦の七夕の月は必ず上弦の弓張《ゆみはり》月《づき》で、盆の月は真ん丸の十五夜お月様だったのに、季節行事と月の形とは無関係になった。

第二の場合には、七夕は八月七日、お盆は八月十五日に行われる。この場合も月の形とは無関係。私の少年時代の長野ではお中元の贈答も八月十五日が目安だったが、今はお盆は八月、お中元は七月という地方が多いのではないだろうか。第三の場合の代表は、旧暦八月十五日の中秋の名月。この場合は太陽暦では移動祭日になり、今年は九月二十八日だが来年は九月十八日である。

お釈迦さまの誕生を祝う花祭りも本来は旧暦四月八日。「灌仏《かんぶつ》の御指の先や暮の月」と一茶の句にあるが、天に向けた誕生仏の指の先に夕月があるのは、旧暦の七日か八日である。「七月のお槍《やり》」は、七月が盆の月であることから、「ボンヤリ」しているという意味の洒落《しゃれ》である。

（二〇〇四・七・二）

白い雨と蛇抜け

長野県の南木曽町やその周辺には「白い雨が降ると蛇抜《じゃぬ》けが起こる」という言い伝えがある。

「蛇抜け」は「土石流」などのこと。辞書では「白雨《はくう》は夏の季語としてゆうだち。にわかあめ」の意味になっており、古い文書では白雨と書いて「ゆうだち」と読ませている。が、ここでいう「白い雨」は梅雨前線や台風の大雨、真夏の大雷雨の時などに、大粒の雨が激しく降り、太い雨脚が白く光り、雨粒が空中で分裂したり地面にぶつかって跳ね返ったりして飛沫《しぶき》をあげ、辺り一面が白くなり視界が効かなくなるような豪雨を指す。

土砂災害は、土、砂、岩石が下方に移動する現象で、移動の様式により、土石流、山・崖《がけ》崩れ（斜面崩壊）、地滑りの三つの基本形に分けられる。土石流は土・石・水が一体となって、渓流などを「流動」する現象で、時速二〇～四〇キロ、火山泥流では八〇キロ。移動距離は数キロ。山・崖崩れは「落下」現象で、到達距離は崩れた高さの一～三倍、水分の多い時は五倍。

地滑りは、融雪期にも多く地下に滑り面が存在する地域で起こる「滑動」。人家や田畑のある緩やかな斜面が一日に数センチ程度、継続的に動き、最後にドッと滑り出し、「急性崩落」したりする。地滑りが起こると最上部に急峻《きゅうしゅん》な滑落崖《かつらくがい》が露出し、その直下は水が湧《わ》いたり湿地帯になったりする。中央部は土が溜《た》まって比較的緩やかな台地状の「地滑り斜面」になり、押し出した土砂の末端部はふたたび急斜面になる。これがいわゆる「地滑り地形」で、中央部は農業に適していて収穫量が多いという研究がある。姥捨《うばすて》の「田毎の月」の千枚田も、「地滑り斜面」の有効利用例だと文献にある。

「土石流」は渓谷の奥で起こった崖崩れが渓流をせきとめて、一時的にダムができ、それが決壊して多量の土石が勢いよく流出する場合が多い。水がせきとめられている間は、下流の流れが急に少なくなる。それを見て土石流の危険を察知して助かった例がある。人間の暮らしは「動く大地」の上に展開されているのだと、改めて思う。

（二〇〇二・七・五）

五風十雨の願い

梅雨期の水害は梅雨前期より後期の方が多くなる。後期は雨の降り方が熱帯気流性になり、雷とともにドカッと降る集中豪雨が多くなる一方、大地は前期からの雨（「先行降雨」）を含んで地盤がゆるんでおり、また降った雨が川に流れ込む時間も短くなるからである。梅雨前線は台風と共に災害を起こす悪者であるが、これらの悪者が来ないと、深刻な水不足になる。台風は「空の給水車」、梅雨前線は「空の水道」であり、その災害を防いで恵みをとる責任は、人間の側にある。

ところで各国の雨や雲の「なぞなぞ」をみると、雨に対する考え方がよく言い表されている。

「私がいないと私を求め、私がいると私の前から逃げる」（ポーランド、答えは雨）。「雲は私の母で風が父、川は娘。私がいないときは人間たちは私を探すが、多すぎると嫌われる」（トルコ、雨)。「それが泣けば喜ぶ。それが喜んで泣かないときは、その喜びはみなを悲しませる」(イスラエル、雲)。

日本の「ことわざ」では「百日の日照りには飽かねど、一日(または三日)の雨には飽く」、「水喧嘩《みずけんか》は雨で直る」。また中国では「太平之世、五日一風、十日一雨、風不鳴枝、雨不破塊、雨必至夜」。つまり「風は五日に一度、木の枝を鳴らさない程度に吹き、雨は十日に一度塊《つちくれ》を破らないほどの強さで、昼ではなく夜に降る」なら、天下は太平だというのだ。洋の東西を問わず人は雨や風に甘えてきたように思う。

(二〇〇三・七・一二)

二 雨乞い、照り乞い

梅雨前線は日本の「空の水道」。ただし配管は絶えず揺れ動き、わずかなブレで、人は渇水に悩まされ、水害に苦しみ、雨を祈ったり晴れを祈ったりしてきた。が、そのどちらが多かったであろうか。古文書では祈雨《きう》の回数は祈晴《きせい》の三倍以上も多く、古川柳にも「雨乞《あまご》いはあれど照り乞いためしなし」とある。

長野県では戸隠の奥社に九頭竜様《くずりゅうさま》を祭る社があり、奥社の森に続く種池から水をもらってきて雨乞いをした。帰りに道草をした場所に降ってしまったという話も伝わっている。別所温泉の近くの夫神岳《おがみだけ》に祭られている九頭竜様も雨乞いの神様で、古くから毎年七月十五日（前後の日曜日）に「岳《たけ》の幟《のぼり》」の祭りが行われてきた、と聞いた。九頭竜は九つの頭を持つ竜。「雨の神様」になったのは、積乱雲に伴う竜巻や電光、雷鳴などに竜の姿を見たからであろう。

照り乞いの和歌で有名なのは「時により　過ぐれば民の　嘆きなり　八大龍王《はちだいりゅうおう》　雨やめたまへ」（源実朝）。八大龍王は仏の教えを護《まも》る八体の蛇型の善神で、釈迦の産湯に甘露の雨を降らせた。

童謡「てるてる坊主」は、ずばり照り乞い。作詞の浅原六朗（一八九五～一九七七）も、作曲の中山晋平（一八八七～一九五二）も信州出身である。先日のNHKテレビでは、「あした天気にしておくれ」の後で、「それでも曇って泣いてたら／そなたの首をチョンと切るぞ」と歌う三番は省略されていた。

（二〇〇五・七・一五）

ご来迎、ご来光

富士山頂での話。大勢の登山者が息を凝らして、いままさに日が上ろうとしている雲海の東の水平線を見つめている。と、その時、白装束の行者の一団が、くるりと太陽に背を向けて西の山肌に立ち上る霧を凝視し始めた。なぜだろうか。登山者はご来光《らいこう》を、行者はご来迎《らいごう》を拝もうとしたのである。

ご来光は高山で見る荘厳な日の出の景観で、ご来迎は高山の日の出・日没時に、日光を背に立つと、前面の霧に自分の影が投影され、影のまわりに虹色の光環が浮び出る現象である。

もともと「来迎」は仏教の言葉で「臨終の際、仏・菩薩《ぼさつ》がこれを迎えにくること」（広辞苑）である。白い霧に現れた光の輪を背にした黒い人影を、光背を負った弥陀《みだ》の出迎えと考えたのであろう。

ドイツのブロッケン山で見られる同様の現象はブロッケン・ゲシュペンスト（ブロッケンの妖怪）と呼ばれているが、ご来迎とは語感がずいぶん違う。もっともイギリスではホーリーシャイン（聖なる光）と呼んできたとか。

ご来迎は一見、虹に似ているが輪は小さく、虹は雨粒による光の屈折、反射、分光で現れるのに対し、ご来迎は霧（雲）粒による光の回折《かいせつ》によって起こる。

空の旅で、眼下の雲海に自分の乗っている旅客機の影がうつり、光の輪に囲まれながら共に動いていくのを見ることがあるが、ご来迎と同じ原理の現象である。

「人佇《た》てば人皆菩薩ご来迎」（倉科渓水、『信濃歳時記』より）。

（二〇〇六・七・一五）

二　虹の話

私は習ってないが、昔の小学校の唱歌に「降りくる雨と　差す日の光《かげ》と　み空に出会ひてかかれるものよ」という虹の歌があったらしい。たしかに虹は、観測者の背後が晴れていて太陽があり、前方の空で雨が降っている時、太陽光線が落下中の雨粒に出会い、屈折・反射・分光して戻ってくるので見える。まれに同様の条件で月光が「夜の虹」を作る。

このような雨の降り方は夏に多いので、俳句では虹は夏の季語になっているが、晩秋・初冬の時雨の時も、降ったり照ったりを繰り返すので「時雨虹」が現れる。ただし「雪時雨」になると、もう虹はかからない。

私の本棚に『虹の話―比較民俗学的研究』（おりじん書房、一九七八年刊）がある。著者の安間清さんは信州人で、昭和三年（一九二八）頃《ごろ》の秋に北信濃の空に、ほとんど毎日のように虹が見えたのがきっかけで、信州に伝わる多くの虹の伝承を調べ始めた。そして『信濃教育』（昭和四年）に発表した論文が柳田国男の目にとまり激励を受けて研究を続けてきたという。

この本では、

一、虹は水から出る

二、虹は竜蛇《りゅうだ》
三、虹は天地をつなぐ橋
四、虹の下には財宝がある（虹脚埋宝説《こうきゃくまいほうせつ》）
という民間信仰は、古くからほとんど全世界に共通してあったことが詳しく記されている。また本書によれば、虹の字の虫は本来蛇の古字であり、「蛇が工作したもの」の意味である。

（二〇〇四・七・一六）

一　天色の異常

近世随筆集の白眉と言われている江戸後期の京都の医師、橘南谿《なんけい》（一七五三〜一八〇五）の『北窻瑣談《ほくそうさだん》』で、「天明三年七月七、八日（現行太陽暦一七八三年八月四、五日）、住居の戸障子が鳴りはためき東山が鳴動した」という記事に出会った。浅間山が大噴火して「鬼押出し」の溶岩を流出した日である。そのときの空気振動が、音速で京都まで伝わったのだ。

秋になると太陽が月のように見え、板敷きに灰が積もり、人々は「土降るなり」と言いはやした。噴煙が京都まで広がってきたのだ。夕日は異常に赤く「満天紅にして人の顔に映じ」「童など暮ごとに立ち集い、珍しがった」。天明の大飢饉の一因は浅間山の噴煙が日射を弱めたためといわれている。

実はこの年、欧州ではアイスランドのラキ火山が大噴火し、深刻な不作が続き、フランス革命の誘因になったともいわれている。ロンドンでも、異常な朝焼け・夕焼けが起った。京都の子供と同様に天色の異常に驚き、空に興味を持った少年の中に、後に雲形の分類で気象学史に名を残した当時十一歳のL・ハワードがいた。

このラキ火山の大噴火に比べると、空の交通に大混乱を起こした本年四月のアイスランド火山の噴出物体積は二桁ほど小さかった。が、五月末には中南米で火山噴火が相次いだ。この夏、天色の異常が起るか、気になる。

（二〇一〇・七・一七）

一発大波〈夏の土用〉

二　蓮の花の音

少年時代に梅雨明けのころ善光寺・大勧進の橋の欄干から美しい蓮《はす》の花をよく見た。全国の蓮の花の名所に問い合わせてみたら、見ごろは七月下旬、八月上旬がピークとなっている。たしかに蓮は梅雨明けの花といえそうである。

中国では昔、六月二十四日（旧暦）を観蓮節《かんれんせつ》と呼び、日本でも江戸時代に儒学者たちによって、同じ日に上野の不忍池で観蓮会が行われていた。そして、一九三五年（昭和十）にハスの研究として有名な大賀博士が中心となり、旧暦の日付を一か月ズラして現行暦の七月二十四日に、この観蓮会が再興された。

「法の花音して開く蓮の花」、「暁に音して匂ふ蓮《はちす》かな」などの古句がある。また明治四十四年発行の『東京年中行事』にも上野・不忍池の蓮は「パッパッとやさしい音して開く」と記されている。しかし一九三六年（昭和十二）七月二十四日に不忍池で行われた、花にマイクをつけた実験では、音は聞こえず、その後の何人か研究でも、同じ結果が得られている。聞いたとすれば、それは「無音の開花」を「心の耳」で聞いたか、池のコイやカエルの音を「開花の音」と錯覚したものであろう。古句にも「さはさはとはちすをゆする池の鯉」とある。なお蓮を「はちす」と呼ぶのは、実の形が脚長峰《あしながばち》の巣に似ているからである。（二〇〇三・七・一八）

蟬の羽月

睦月《むつき》、如月《きさらぎ》、弥生《やよい》、卯月《うづき》、皐月《さつき》、水無月《みなづき》、文月《ふみづき》（ふづき）、葉月《はづき》、長月《ながつき》、神無月《かんなづき》、霜月《しもつき》、師走《しわす》……陰暦一月から十二月までの呼び名である。

現行太陽暦の日付は陰暦よりも平均的には約一ヶ月早いが、そのズレは年によって異なり、本年は今日が陰暦六月一日である。陰暦六月には水無月の他に、次の別名がある。

青水無月《あおみなづき》、水枯月《みずがれつき》、風待月《かぜまちづき》、松風月、常夏月《とこなつづき》、鳴神月《なるかみづき》、涼暮月《すずくれづき》、夏越《なごし》の月、蟬《せみ》の羽月《はづき》……これらの呼び名は今時分の季節感に合っているだろうか。

「水ひたと水枯月の名は嘘か」（調柳）旧暦六月は、最も早い年は現行暦の六月二十三日ごろから始まるから、梅雨後期の大雨の期間を含み、水無月、水枯月の名はかなり違和感がある。

一方、最も遅い年の水無月は現行暦の七月二十三日ごろに始まるから、梅雨明け後の夏の土用や盛夏期を含み「六月《みなづき》の土さへ裂けて照る日にも我が袖乾《ひ》めや君に逢《あ》はずして」（万葉集）の季節感になる。「みなづき」の語源説には「水悩月《みずなやみ》」、田に水を入れる「水の月」、田植えの農事が一切終わる「皆、し尽き」などもある。

「蟬の羽月」は薄物を着始める月の意味。気象台、測候所の生物季節観測の統計ではミンミンゼミの初鳴《しょめい》平均日は長野七月二十二日、松本二十四日、飯田三十一日である。

北信の中野市周辺の天気俚諺《りげん》に、「ミンミンゼミが土用三日目に鳴くのは通常で気候は順調である」、「ミンミンゼミが土用前に鳴く年は霜早し、土用五、六日に鳴けば霜遅し」というのがある。土用三日目は現行暦の七月二十二日に当たる。

（二〇〇七・七・一四）

一発大波

信州育ちの私には海の波の知識は皆無だったが、気象予報官になってから多くのことを学んだ。その中から、海を知らずに育った人が海辺で仕事をする時に役立つ知識を本欄でも時折、書いておきたい。

海の波は波長、波高、周期の異なるたくさんの成分波の複雑な重なり合いとして数学的に取り扱うと説明のつくことが多い。例えば、ある成分波の山に別の成分波の谷が重なると相殺されて小波、山と山が重なると大波となり、すべての成分波の山が重なると驚くほど高い一発大波が突然現れる。

海洋観測や天気予報で波高（谷から測った山の高さ、または山から測った谷の深さ）何メートルと一口で表現する場合は、百回押し寄せた大波・小波のうちの高い方三〇波ぐらいの平均値である。

しかし実際には千波に一つは、その高さの二倍ほどの大波がくる可能性がある。波の周期を六秒とすると千波の時間は約一時間半。一発大波がその間の何時来るかは分からないのである。

気象庁を退職後、NHKテレビの取材で海面から一〇メートルほどの高さの道路で、約六メートル下の岩場に砕けている波を撮影していた時のこと。白波を背景に私を撮りたいカメラマンは岩場に下りることを求めた。が、ディレクターが制止し、道路からの撮影を続けた。一時間ほど経過した時、突然、頭上から一発大波がドッとかぶってきた。岩場にいたら高波にさらわれていたに違いない。

人の世の幸・不幸も「盆と正月が一緒に来たように」起こり、「弱り目にたたり目」となって重なる。人生にも突然の「一発大波」がある。

（二〇〇七・七・二二）

ドッグデーズ

二〇〇五年は七月十九日から立秋前日の八月六日までが土用である。暦では土用は冬、春、秋にもあるのに、昔から単に土用といえば夏のそれを指していたのは、この時期の暑さが稲の成熟に重要であったことや、暑さにまつわるさまざまな風習があったからであろう。

その「土用」を和英辞書で引いてみたらドッグデーズ（犬の日々）という言葉が当てられていた。語源は次のとおりである。

冬の夜空に輝く大犬座のシリウスは、夏は太陽とともに昼間の空を渡る。全天第一の輝星シリウスの別名はドッグスター、中国では天狼星《てんろうせい》。シリウスの語源はギリシャ語の「焼け焦がす」で、この星が太陽に加勢するので夏は特に暑いと考えられ、七月三日から八月十一日まで（期間に異説あり）の四十日間をドッグデーズと呼ぶようになった。この期間は狂犬が増えるという迷信もあった。

狂ったわけではないが、暑い日は犬が口から舌を出し苦しそうにパンチング呼吸をする。体内の水分を蒸発させ体温を下げようとしているのだ。暑さに強い猫も酷暑にはこの呼吸を行い、トラやライオンも、寒いときの呼吸回数は毎分十回ぐらいだが、夏には八十回になることもあるとか。人間と違って汗をあまりかかないので、この種の息づかいが必要になるのである。

『英語歳時記』（研究社）によればドッグデーズは「不正の行われる不吉な時」「進歩のない期間」「つまらない記事しか新聞に載ってない日」などを指すこともあるらしい。

（二〇〇五・七・二二）

ウナ重の思い出

二〇〇六年は七月二十日から立秋前日の八月七日までが夏の土用で、七月二十三日と八月四日が「土用丑の日」である。

夏はウナギが良いと、昔から言われてきた証拠として、よく引用されるのは万葉集の「石麻《いしま》呂《ろ》に　我物申《われものもう》す　夏痩せに　良しといふものそ　鰻《むなぎ》捕り喫《め》せ」（大伴家持《おおとものやかもち》）である。

これは「痩せたる人を嗤笑《わら》ふ歌二首」の一つで、もう一つは「痩す痩すも　生けらばあらむを　はたやはた　鰻を捕ると　川に流るな」。

「痩せていても生きておれば結構。鰻を捕ろうなんて考えて、川に流れなさるな」とは、家持さんも冗談がきつい。

昭和初年代、長野市の我が家では、八〜十番目の男の子が小・中学校に通っており、私は九番目の子だった。父は還暦を過ぎ、家業は左前だった。たまに仕事上の客があると、二階の接待の食卓は、子供たちの目には実に豪勢に見えた。

客が帰ると、二階から下りてきた父がウナ重を三人の子供の前に置いた。客の前で食べているふりをして、父はほとんど食べていなかった。兄弟が真剣な目つきで厳密に三等分した一人前のウナ重が、なんとおいしかったことか。

タレのしみている御飯だけでも、子供たちは驚喜した。そしていつか一人で一人前を食べてみたいと思った。同じ思いはアイスクリームやバナナ、牛乳にもあった。しかし存分に食べられるようになった時、それらは少年時代と全然違う味になっていた。

貧乏とは実にいやなものだった。が、それから脱出した時、何か大切なものを落としてきてしまったような気がしてならない。

（二〇〇六・七・二二）

二 蝶の民俗学

今井彰著『蝶《ちょう》の民俗学』（築地書館、一九七八年）を紹介してみたい。著者は一九三五年（昭和十）須坂市生まれ、五四年長野高校、六〇年京都大学経済学部を卒業し、本書が刊行されたときは電力会社に勤務して名古屋市に住んでいた。

本書では蝶の文様、家紋、地名、玩具《がんぐ》、民話、伝説、絵画、演劇、小説など多岐にわたって興味深い考察がなされており、特に信州の蝶の話題がいたる所に出てくるのが嬉《うれ》しい。

中でも私には雷　蝶《かみなりちょう》の論考が面白かった。方言ではこれをクロアゲハとする説と、黒と黄の段だらのナミアゲハかキアゲハとする説があるという。前者は雷の後で現れることに由来し、後者は雷神の虎皮　褌《ふんどし》の模様からの連想で、北信濃で南瓜《かぼちゃ》を煮て濃緑の外皮と共にまぶした御《ご》飯《はん》を「かみなり御飯」と呼ぶのと同様らしい。

一方、今井さんは「雷《らい》の後　かみなり蝶が村へくる／村長邸の　百合《ゆり》の花粉にまみれてくる／交番のある四辻《よつつじ》で／彼女はちょいと路《みち》に迷ふ／さうして彼女は風に揚《あが》る／椎《しい》の木よりもなほ高く／火の見櫓《やぐら》の　半鐘よりもなほ高く」と詠んだ三好達治の詩の「雷蝶」は、クロアゲハかカラスアゲハだという。

「一茶の見た蝶」の項で、今井さんは、「なまけるな雀はおどる蝶はまふ」「世にあれば蝶も朝からかせぐぞよ」「蝶とぶや此世に望みないやうに」などの句をあげている。

（二〇〇四・七・二三）

二　P―S時間

私の専門分野は気象学だが、地震学の概略も学んだ。まず、習ったのはP波とS波だった。地下の岩盤は周囲から外力を受けてゆっくりと歪《ひず》み、極限に達すると突然、破壊（地震断層）が起こる。その衝撃が地震波として四方八方に伝わる。

その主なものにP波とS波がある。P波は地震波の進行方向と同じ向きに振動する縦波。S波は進行方向に直角な向きに振動する横波。速度はP波がS波の約一・七倍速い。

両波は同時に出発するが、次第にP波が先行する。Pはプライマリ、Sはセコンダリの略である。P波が来るとビリビリ～ガタガタと比較的小刻みな微動が起り、S波が来ると、ユサユサ～グラグラと大地は大きく揺れ、主要動になる。

ある地点でのP波とS波の到着時間差を「初期微動（継続）時間」または「P—S時間」という。これは震源から遠いほど長い。おおまかな目安としては、P—S時間を秒で表し、それを八倍すると、キロメートル単位で表した震源までの距離になる。

P—S時間について、二つのテレビ映像が記憶に残っている。一つは阪神淡路大震災時（一九九五年）の神戸放送局内の様子。宿直の局員は地震に気づいてもベッドから立ち上がれない。一〇〜二〇キロメートル直下の震源からP波もS波もほぼ同時に到着、大地は爆発したように揺れたのだ。

その二年前に釧路のほぼ直下で、もっと強い地震が起きたが、放送局員は立ち上がって机に近づき受話器を取り上げている。震源は地下一〇〇キロメートルだったのである。さて、参院選のP—S時間も今日まで。明日は日本列島にS波の激震が走るか。（二〇〇七・七・二八）

夏やせ

「病む人を思ひ遣《や》らるる土用かな」（蚊足《ぶんそく》）。エアコンも冷蔵庫もなかった昔は、真夏の暑さが病人に特に辛《つら》かった。一方、冬の寒さもきつかった。生気象学者・籾山政子博士の季節病の研究によれば、昭和の初期までは日本の死亡率の季節曲線に、夏と冬に顕著なピークが現れていた。そこで江戸時代には「冬はまた夏がましじやといひにけり」（鬼貫《おにつら》）、現代川柳では「夏は冬冬には夏が好きと言い」（桑名恵）と詠まれている。

夏に死者が多かった病気は下痢、腸炎、赤痢、脚気《かっけ》、結核、百日咳《ひゃくにちぜき》など。この夏のピークは公衆衛生・食品管理・医療の進歩や生活レベルの向上などにより昭和の年次とともに、急速に解消されていく。そして冬のピークだけが残り、「文明の発達と共に病死は冬に集中する」とか、肺炎、脳卒中などの老人性疾患死が多いことから「有名人は冬死ぬ」などといわれた。しかし冬のピークも現代ではなくなり、季節曲線は平坦《へいたん》になった。ただし夏と冬の小さいピークはまだ残っているという。

「夏痩《なつや》せ」という言葉は古くからあり、「夏痩せと答へて後は涙かな」（季吟《きぎん》）は江戸時代の句。かなわぬ恋に痩せる思いを詠んだ句と解説されているが、私には、たまに実家に帰った娘が、婚家での苦労を親に知られまいとしながら、思わず泣いてしまった姿を詠んだ句のように思われる。

（二〇〇五・七・二九）

二　虹視症

五十歳の頃、仕事に疲れて気象庁から帰る道で、月や街灯の周りに虹色の小さい光環《こうかん》をよく見た。普通、光環は、太陽や月などの光環からの光が、水滴の雲粒や霧粒に回折《かいせつ》して現れる光の輪である。

しかし、ある夜、同行の妻が「私には見えない」と言いだした。あわてて私は指先で月を覆い、目に直接入る月光を遮ってみた。もしも大気中の水滴や氷晶による現象なら、そのようにしても光環は見えるはずである。

ところが、光環は見事に消えてしまった。つまり、光の輪は月光が私の目に入ってからできたものだったのである。

帰宅して気象技術官養成所の学生だった十八歳の頃に読んだ藤原咲平著『大気中の光象』（鉄塔書院、一九三三年刊）を開いてみたら、「夜、本などを読んで目の疲れた場合、屋外で電灯などの周りに鮮やかな紫色の輪が見えることがある。これは外界にある現象ではなくて、眼球のどこかに微粒がたくさんあって起こる現象と思われる」と記されていた。

藤原咲平博士（一八八四～一九五〇）は諏訪市出身で、第五代中央気象台長を務められた。後年、この現象は、眼圧上昇で角膜にできた小さい「水ぶくれ」の作用でできるもので、閉塞型緑内障の前駆現象として虹視症《こうししょう》と呼ばれていることを知った。

藤原博士の本は、先生が四十九歳のときに刊行された。虹視症の年齢だったといえる。私の虹視症は、その後、いつの間にか治ったようである。

（二〇〇六・七・二九）

二　田草取り、田草酒

江戸時代の農家の日記で、真夏のある日に「田舎合力半日」、翌日は「田草済」、次の日は「半日田草休、晩田草酒」と記してあるのを読んだことがある。炎暑の中での田の草取りが済んで一休みしたのであろう。

「二番草過ぎて善光寺参りかな」（一茶）。「草取りの背中うち越す稲葉かな」（蝶夢）。田草取りは中腰で行う辛い仕事。三番草のころは稲の葉が伸びて顔面に突きささった。

しかも丹精をこめて育てた稲が台風で一夜にして全滅することがよくあった。ここから稲をわが子のように慈しむ情緒が生まれ、物事の結果より経過を貴び、そこに心のやすらぎを求める考え方が生まれたのではないだろうか。

NHKテレビの取材中に、農村の寺院の前を車で通った時、「この秋は雨か風かは知らねども、きょうの務めに田草取るなり」という掲示板の和歌が目に入り、深い共感を覚えた記憶がある。後に調べたら、これは江戸末期の篤農家二宮尊徳の詠んだ歌であることを知った。

暑い盛りの米作りの労働はモンスーン・アジアの農民に共通である。南宋の詩人、戴復古《たいふくこ》は「大熱」と題する詩で「君看《み》よ百穀の秋また暑中より結ぶを」と詠み、湯のように沸き立つ田の中で背中から汗を噴き出して農夫は田の草をとっている、私だけが、どうして涼しく食っていられるだろうか、と結んでいる。

もっとも近年は除草剤などの普及により、米作民族の夏の暑さに対するこのような感覚は、ほとんど失われているのかもしれない。

（二〇〇三・八・一）

三尺寝

八月の日最高気温の平年値は、長野、松本、飯田ともに三〇・五度で、東京の三〇・八度、沖縄・那覇の三〇・九度と大差ない。信州の夏は涼しいといわれるが、盆地や谷の低地の町では日中は暑いのである。涼しいのは高原で、軽井沢測候所（標高約一〇〇〇メートル）では二五・六度である。

信州の夏の涼しさは清々《すがすが》しい夕風、朝風にある。八月の日最低気温の平年値は、東京二四・二度、那覇二六・一度に対し長野二一・〇度、松本一九・八度、飯田二〇・三度である。

信州の昼の暑さは「草木もなゆる真夏日に渦《うず》巻き流るる千曲川…」と長野高校の校歌「山また山」で歌われているが、熱帯夜は臨海都市に比べるとぐんと少ない。

私が少年時代を過ごした昭和初年代の長野市は人口七万の静かな町だった。真夏の午後二時ごろはカンカンの照りの住宅街は人通りが途絶え、あたりは静まりかえった。多くの家で昼寝をしたからである。

「何事もただ倦《う》みはつる夏の日にすすむるものは睡《ねむ》りなりけり」という養生訓のような和歌は江戸後期の歌人・木下幸文《たかふみ》の作だが、冷房のない時代の真夏を過ごすには昼寝は必須のものだったようだ。

昼寝は三尺寝と呼ばれた。職人が三尺の狭い場所でも寝たとか、日陰が三尺伸びる時間だけ寝たからなどの語源説がある。北緯三五度で真夏の昼下がりに高さ四メートルの木の影が三尺伸びる時間を計算したら、小一時間だった。昼寝覚《ざめ》、昼寝起《おき》、昼寝人《びと》などの季語もある。

（二〇〇二・八・一二）

信濃太郎

「雲の峰」の積乱雲を、地方により坂東太郎、丹波太郎、比古《ひこ》太郎、信濃太郎、石見《いわみ》太郎などと呼ぶと俳句歳時記に記されている。が、長野市で少年時代を過ごした私は、信州出身の「ものぐさ太郎」（御伽草子《おとぎぞうし》）の話は読んでいたが、信濃太郎の名は聞いたことがなかった。そこで少しばかり調べてみた。

江戸時代の方言集「物類称呼」には信濃太郎は近江・越前の言葉とされている。はるか信濃の方角に立つ雲をそう呼んだのだという。『ことわざ大辞典』（小学館）には「丹波太郎、信濃次郎、近江三郎」が出ており、京阪地方で、それぞれの方角に現れる夏の入道雲を兄弟のように呼んだものと解説されている。信濃太郎は信州から離れた地方の言葉らしい。ただし『信州の天気のことわざ』（古今書院）には入道雲の名として北安曇の坂東太郎、上伊那の信濃太郎が載っている。

坂東太郎が利根川の別名になっているように、信濃太郎が天竜川、千曲川、信濃川などを指す用例はないかと探してみたが見当たらなかった。なお「物類称呼」は、形の連想から武州で毛虫を指すと記している。また調べの途中で「信濃者」という、これまで知らなかった言葉に出会ったが、これについては稿を改めたい（本書一八九ページ参照）。

最後に一茶の句。「大の字にねて見たりけり雲の峰」、「寝むしろや足でかぞへる雲の峰」、「投げ出した足の先なり雲の峰」。夏は昼寝にかぎる。

（二〇〇五・八・五）

戌の満水

俳句誌「藍生《あおい》」七月号の特集「ふるさとの盆行事」で、長野県の内山森野さんが「丸茄子《まるなす》のおやき」について書いている。それによると寛保二年（一七四二）、千曲川の大氾濫《だいはんらん》により上は佐久から下は飯山まで、多数の死者を出した。これを戌《いぬ》の満水と呼ぶが、今でもこれを弔うため、八朔《はっさく》に丸茄子のおやきを供えるという。その戌の満水について調べてみた。

雨は陰暦七月二十八日に降り出し、八月一日（現行暦八月三十日）夜に千曲川が一気に氾濫、川中島平の水位は約六メートル、高井郡立ヶ花村（現・中野市）では約一〇メートルに達した。松代藩内の潰《つぶ》れた家一七三二戸、死者一二二〇人、山抜け（土砂崩落）九八八か所に達し、千曲川洪水史上最大の規模になり、この年の干支《かんし》（えと）が壬戌《みずのえいぬ》だったので戌の満水と呼ばれた。なお前出の八朔は旧暦八月朔日《ついたち》を指し、昔から各地で秋の暴風を鎮める風祭が行われ、また贈答して祝う風習があった。

戌の満水の時は、近畿、関東、北陸諸国でも利根川、隅田川決壊などの大水害が起こっている。たぶん二百十日の台風による水害であろう。江戸は一週間後に再び洪水、高潮で水浸しになる。台風の当たり年だったらしい。が、当時の文献は、役人が新田開発を手柄と考え、競って「水道をかへ、古池を埋め、山をあらし、樹《き》を伐り出し山々はげ山になりぬ。かかる事のつのりて、江戸開けしより以来、聞きも及ばぬ大水、たびたびに及べり、移りかはるは世のならひにこそ」と記している。

（二〇〇四・八・六）

カッコウの別れ

「気象友の会」（事務局・日本気象協会内）の機関誌『地球ウォッチャーズ』には毎号、全国の会員からの「季節ウォッチング」の報告が載っている。それによると今年のカッコウの初鳴は、埼玉県上尾市で五月十二日、山形県新庄市で同十九日、秋田県男鹿市で同二十三日、北海道富良野市で同二十四日であった。戸隠高原の越水ロッジの水上憲宗さんに電話して聞くと、五月十八日ころだったという。

放浪の俳人・種田山頭火の「あるけばかつこういそげばかつこう」の句は信濃路で詠まれた。彼は一九三六年（昭和十一）五月に小諸、草津、万座を経て二十六日、長野市に来て、子供たちに道案内をたのみ、風間北光という人を訪ね三泊している。私はそのころ十二歳、小学校六年生だった。ひょっとして道端で、この有名な俳人に会っていたのかもしれない。

ではカッコウはいつごろ鳴きやむのだろうか。

佐藤春夫が戦中・戦後、佐久に疎開していたころ詠んだ詩に「かつこう三月《みつき》　春秋の／野の花三月《みつき》　一月《ひとつき》の／秋晴の果　八日《ようか》霜／別れ霜まで炉にそべりそろ」（山中消息その三）がある。

村人の間ではカッコウは三か月ほどで鳴きやみ、また秋彼岸の後八日目には初霜があると言い伝えられてきたのだ。信州の高原に避暑に行き「去年は盛んに鳴いていたカッコウの声が、今年は全然聞こえない」という経験を何度もした。「かっこう三月《み》」が過ぎていたのだと、いま思い当たる。

カッコウの別れの季節が近い。

(二〇〇二・八・九)

風炎の熱源

異常高温が現れると、その成因の一つによくフェーン現象が挙げられる。フェーンは山を越えて吹き下りてくる乾熱風をいう。もとはヨーロッパ・アルプスの局地風の名であったが、今は世界各地の同種の風に用いられることが多い。日本では時に風炎の字が当てられ、現代中国の気象辞典では焚风である。

ドイツ語の辞書でフェーンを引いてみたら、毛髪乾燥器の意味にもなっていた。なるほどドライヤーからも乾熱風が吹き出してくる。この風の熱源は内蔵されている電熱器である。では風炎の熱源は何だろうか。一言で言えば、それは「水蒸気の燃える熱」である。

液体の水が蒸発して気体の水蒸気になるとき一グラムにつき約六〇〇カロリーの熱を周囲から奪い(元をただせば太陽熱)、それを体内に隠し持って大気中に浮かぶ。そして液体の水に戻ときに（凝結）その潜熱を周囲に吐き出す。文学的に表現するならば、このとき、は水蒸気は「燃える」のである。山越えの気流は風上側斜面を上昇する時に凝結して燃え、る「燃え滓《かす》」の雲粒・雨粒を風上側に残し熱だけを持って風下側に吹き下りて風炎になる。

一九三三年七月二十五日、台風から変わった強い温帯低気圧が日本海を北東進し、これに向かって高温多湿の南寄りの風が本州を吹きぬけた。山形盆地では風炎が起こり気温は四〇・八度。これは日本の気象台・測候所の測った最高気温の記録となっている。

（二〇〇五・八・一二）

丸茄子のおやき

〈故郷のお盆〉

一　スットコイーヨ

気象台・測候所の生物季節観測の統計では、ツクツクボウシの初鳴平均日は長野八月十七日、松本同十九日、飯田同十三日で、平均的にはお盆のころに鳴き始める。

胸を病んで三十一歳で亡くなった作家・梶井基次郎（一九〇一〜三二）は、このセミの多重の合唱を次のように描写している。

「チュクチュクチュクチュクと始めてオーシ、チュクチュクチュクを繰り返す。そのうちにそれがチュクチュク、オーシになったりオーシ、チュクチュクに戻ったりして、しまいにスットコチーヨ、スットコチーヨになってギーと鳴きやんでしまう。中途に横からチュクチュクと始めるのが出て来る。するとまた一つのはスットコチーヨを終ってギーに移りかけている…」（注・現代用字用語に改変）。

各地の呼び名にもオーシンチョコチョコ（千葉）、スットコイーヨ（新潟）、ズグッショ（九州・天草）などがある。

また昔の歌人は「つくづく惜し」、「筑紫《つくし》恋し」、「美し佳《よ》し」などと聞き做《な》した。

鹿児島気象台長として桜島火山の火山情報の責任者となった時、直木賞作家・梅崎春生（一九一五〜六五）の「桜島」（一九四六年発表）を再読して、こんな場面に出会った。

敗戦の年、作者の分身の海軍下士官に、ツクツクボウシは「悲しい辛いことがあって、絶望していると鳴き始める」と言った部下の見張り兵は、その年初めてツクツクボウシが鳴いた日に敵機の銃撃で死ぬ。

調べてみたら、鹿児島気象台の統計では初鳴平均日は八月十四日であった。

（二〇〇六・八・一二）

丸茄子のおやき

今日はお盆の迎え火を焚《た》く日。少年時代（昭和十年代）の長野市の我が家では、母が「おやき」を作って精霊棚に供えた。

更級郡大岡村出身の明治十六年生まれの母が作る「おやき」は、細かく切った茄子を味噌《みそ》で油炒《いた》めし、小麦粉をこねた皮で包んで、蒸したり、油をひいた平らな鉄鍋で焼いたものだった。茄子は丸茄子だった。私は細長い茄子は東京に出て初めて見た。北信では細長い茄子を旅茄子と呼んでいたらしい。

十年ほど前、NHKテレビの取材で小布施の旧家・市村邸にうかがい、凛《りん》とした美しいおばあ様と畑で昔話をしながら丸茄子を収穫し、それを輪切りにして、油で練った砂糖味噌をはさんだ「おやき」を作っていただいた。実に懐かしく美味《おい》しい味だった。この辺では盆の「おやき」は丸茄子に限るといわれてきたとか。もっとも長野県の俳人・内山森野さんが俳句誌「藍生《あおい》」に書いた文章（本書一七四ページ参照）によれば、他所から稼いできたお嫁さんの口には馴染《なじ》まず、空腹のまま寝てしまったとか、遠くの孫から「ばあちゃん、あの餃子《ぎょうざ》の親分みたいの、今度いらない」と言われたなどという話はいっぱいあるという。そう書いた後で内山さんは「ぜひ、夏に来ておくんなして」と結んでいる。

（二〇〇四・八・一三）

二　お盆の黒蝶

『日本植物方言集』（八坂書房）によると、日本各地でボンバナと呼ばれる草花は二十四種あり、比較的知られているのにオミナエシ、オトコエシ、カルカヤ、ナデシコ、キキョウ、ミゾソバ、ミソハギなどがある。「あの子の霊が今夜帰ってくるから、この花を飾ろう」と、悲しい母親は、死に別れた子の顔を思い浮かべながら、これらの花を野山から摘んできたのであろう。ヤマユリをボンノハナとかホトケユリ（仏百合）と呼ぶ地方もある。

我が家の庭にオニユリが数本、植えられていて、黒いアゲハチョウがよく飛んで来た。アゲハチョウには蝶《ちょう》道と呼ばれる一定の道筋を飛ぶ性質があり、何度も同じ花に戻ってきて、家の者に何かを語りかけているようであった。「お盆の黒蝶には仏様が乗っている」という言い伝えを知ったのは、成人になってからである。

「新盆《にいぼん》の庭を黒蝶巡りをり」（あつし）

（二〇〇三・八・一五）

二　草木塔

「送り火の跡あはれなり虫の声」（桃隣）。送り火を焚《た》く日は、地方により十五日と十六日に分かれているが、京都の大文字《だいもんじ》は十六日。うら盆は、各家に帰ってくる祖先や先立った家族の霊を慰めるために盆棚を作り共に食事をする魂《たま》祭で、無縁仏のために村の辻に特別の盆棚を作る風習もあったという。農耕民族としての日本人の心の優しさのあふれた行事だと思う。

農耕民族の心といえば、山林に対する感謝の気持ちを表す草木塔《そうもくとう》がある。結城嘉美著『やまがた植物記』（一九七四年）によれば、山形県米沢市周辺には草木塔、草木供養塔と刻まれた石碑が三十七基ほど確認されており、建立の年代の古いものは安永九年（一七八〇）で、明治が八基、大正が一基、昭和二十九年（一九五四）が一基だという。ただし近年は無関心な存在になっており、「ようやくさがしあててみれば、草むらの中に倒れたまま放置されている…」と、結城さんは書いている。が、一九九四年五月、山形市の寺の境内に新たに草木塔が建立されたことが新聞の記事になった。

日本人はこれまで多くのものを供養してきた。札幌市の「バッタ塚」は、明治十年代に北海道で移住農民たちが飛蝗《ひこう》（バッタの大群の襲来）と激烈な闘いをして殺したバッタの霊を慰めたものである。善光寺の境内では「迷子郵便供養塔」を見た。あて先にも差出人にも届けられなかった郵便物を供養したもので、昭和四十六年（一九七一）の建立とあった。

（二〇〇二・八・一七）

台風夕焼け

私のホームページの「季節のたより」面では、季節雑感や花の写真などを載せている。先日、投稿欄に埼玉県三郷市の女性から、こんな便りをいただいた。

「台風七号が近づいている八月八日の夕方、部屋の中まで夕焼けの色が染み込んできました。思わずマンションの廊下に出て北の空をみると、言葉では説明できないような色の空が広がっていました。美しいけれど、怖いような気もしてくる空でした。普段感じないのだけれど、この日は本当に畏怖の念を感じさせるような空だったと思います…」

この異常な夕焼けは私もマンションの九階から、息を詰めて見つめていた。

台風の一〇～一五キロメートル上空の気流は、下層の風向きとは反対に、中心から周囲に向かって吹き出しており、この気流とともに氷晶の雲の巻雲、巻積雲、巻層雲が、特に台風の進行前面で遠くまで広がる。

そして、普通の高さの入道雲が地球の陰に入って黒ずんだ後も、高い空に広がる「吹き出し巻雲」が、地平線に没した太陽からの赤い光を受けて染まる。また、上空の水蒸気が太陽光線を異常に散乱させて、「台風夕焼け」の赤味を濃くすることが考えられる。

時には黒い雲の縁が血の色に不気味に染まる。私は必ずしもそうは感じないが、有名な気象学者が、その著書で、これを「濃厚で醜悪な夕焼け」と表現したことがある。多分、その先にいる台風に「悪」を見たのであろう。「異常夕焼けは嵐の前兆」と各地で言い伝えられてきた。

(二〇〇六・八・一九)

雲の峰に思う

「夏雲奇峰多し」(陶淵明)、「奇峰突兀《とっこつ》として火雲升《のぼ》る」(杜甫)

人は「雲の峰」にさまざまなことを思う。昭和二十年の夏、海軍航空隊で天気図を描いていた私は、この夏もまた、夕日の積乱雲に「空征《ゆ》かば雲染む屍《かばね》」という特攻隊員の言葉や作家・阿川弘之さんの「雲こそ吾《わ》が墓標、落暉《らっき》よ碑銘をかざれ」を思い出していた。

「左崩れ右湧く雲の峰を見る」(高浜虚子)

写真測定では、雲のむくむくした部分は二分で四〇〇メートルほど盛り上がると、次の二〜

三分で二〇〇メートル下がるのを繰り返して、二〇分間で一〇〇〇メートルも高くなった。
「雲の峰雷を封じて聳《そび》えけり」（夏目漱石）
「あのさきで修羅《しゅら》は転がれ雲の峰」（幸田露伴）
真夏の「雲の峰」は高さ七キロメートルぐらいでにわか雨が降り始め、八キロメートルで発雷し、一二～一五キロメートルで大雷雨になる。
「なる神の音ほのかなる夕立のくもる方より風ぞ烈《はげ》しき」（京極為兼）
「雲の峰」の下にできた冷気が横に流れ出す。一つ一つの「雲の峰」の寿命は一～二時間だが、この冷気が周囲の高温多湿の空気を持ち上げて新しい峰を作って移動し、一か所で連鎖反応を繰り返すと、記録的な豪雨が大災害を起こす。
「雲の峰きのふに似たる今日もあり」（加舎《かや》白雄）
そういう真夏日が続いた後で、山国はいま晩夏。ススキが揺れる高原に、夏雲と秋雲の「ゆきあいの空」が広がっている。
（二〇〇四・八・二〇）

二　秋気蟬声に入る

晩夏の空の思い出をいくつか書く。少年時代の善光寺平では山脈《やまなみ》の彼方に夏雲の峰々が連なっていたが、頭上の青空は高く澄んで、ニワウルシ、ニセアカシア、ヤナギなどの葉裏が乾いた風に白く翻り、忙しく鳴くセミの声に夏の終わりの憂愁感が募った。

「宿題をいそげいそげとほうしぜみ」（猪瀬真作）は小学生の俳句である。

後年、隋の詩人・薛道衡《せつどうこう》（五三九～六〇九）の「晩夏の詩」を知った。「流火《りゅうか》　稍《やや》　西に傾き／夕影　曾城《そうじょう》に遍《あまね》し／高天　遠色　澄み／秋気　蟬声《ぜんせい》に入る」…火《か》は大火、真夏の星の代表、さそり座のアンタレス。この星が西空に流れ始めると、季節は晩夏・初秋である。曾城は家々が密集する街なみ。そこを赤い夕日がくまなく照らしているのだ。

「あらし吹く梢《こずえ》はるかに鳴く蟬の秋を近しと空に告ぐなる」は藤原定家（一一六二～一二四一）。脈絡もなく、この歌人が「紅旗征戎《こうきせいじゅう》、吾事《わがこと》にあらず」（『明月記』）と記したことを思い出す。紅旗は天子・宮廷の象徴、戎は異民族である。

六十年前の八月、私は内地の海軍航空隊で天気図を描いていた。ソ連が参戦した八日以降、旧満州の気象電報は北西方から発信が止まり、天気図の空白域はみるみる広がった。十五日の朝、北海道から九州にかけて三〇地点の天気が記入されたが翌朝は一〇地点に減少した。が、まだ長春（当時の新京）など数地点からは発信されていた。

あの日、誰が、どんな思いで、大陸の初秋の空を見上げていたのか、私は知らない。航空隊の近くの林ではカナカナ蟬が日本の秋を告げていた。

（二〇〇五・八・二〇）

夏の後ろ姿

山国、北国の夏は、お盆が過ぎると、急に衰えることを、何度も経験した。札幌の気象台に勤務していたころ、大通公園に繰り広げられる幾重もの盆踊りの輪に入って夢中で踊った。そして十六日だったか十七日だったか、北海盆唄の最後の太鼓がドンと鳴って踊りの輪が宵闇に溶けていくとき、「今年の夏も終わったね」という声をよく耳にしたものだった。

NHK長野放送局編の『信濃風土記』(一九七九年刊)で下伊那郡阿南町新野の盆踊りについて知った。十六日の夜に踊り明かした人々は、未明に行列を作って東はずれの村境に行き、「踊り神送り」の鉄砲を一発放つ。この後は後ろを振り向かず、秋歌を歌いながら帰る。その後は来年のお盆までは、盆踊り歌はいっさい歌わないならわしになっている、と民俗研究家の向山雅重さんが書いておられる。その新野の盆踊り歌の歌詞を、別の文献で知った。

「盆よ盆よと楽しむうちに/いつか身にしむ秋の月/盆よ盆よと春から待ちて/盆が過ぎたらなに待ちる」 この風習、いまはどうなっていることか……。

長野市の日の入りの時刻は七月三十日は午後六時五十六分で八月二十九日は六時二十一分。八月は一日に一分の割合で日暮れが早くなる。少年時代の八月下旬、遠い山端の暗い雲間が稲光で音もなくパッパッパッと光る姿に、夏の別れを感じた記憶がある。ロシアの文献にも八月の別名に「遠稲光の月」というのがあった。

（二〇〇三・八・一二）

信濃辛抱、信濃強情

以前、「信濃太郎」を辞書で調べている途中で「信濃者」という言葉に出合い、「辞書の道草」を食ってしまった（本書一七三ページ）。

信濃者とは、冬に江戸に出稼ぎに来て米つき、飯たき、まき割りなどに従事した信州人を指し、大飯ぐらいの代表者とみなされ、また田舎者の代名詞のようにも用いられたという。転じて信濃っぺい、おしな。長野県人には不愉快な呼び名であるが、六十余年前、十八歳で上京した私には、この言葉を聞いて、今なら笑える、ちょっと赤面する思い出が多々ある。

「信濃辛抱」、「信濃強情」という言葉はインターネットで知った。「名月や江戸のやつらが何知って」と詠んだ一茶も相当の信濃者ではなかったかと思う。ただし一茶の句集には、この句はないとか。

「江戸は空風《からかぜ》、信濃は雪」という。「越後は雪」の方がより適切だと思うのだが、信濃は朴訥《ぼくとつ》な雪国の代表だったらしい。

『川柳大辞典』（東京堂出版）に「越後者」が載っているが、第一は江戸の呉服店・越後屋のこと、第二は上杉謙信の軍勢の意味になっている。越後屋は三越デパートの前身で、創業者は松坂商人。店の名は先祖に越後守を名乗った武士がいたことに由来する。そして田舎者の意味は記されていない。しかし多くの辞典類で、信濃だけでなく、他国者をからかった数多くの江戸言葉に出合った。

「江戸は人の掃溜《はきだめ》」…江戸は全国の「信濃者」の集まりだったらしい。現在の東京もそうである。

（二〇〇五・八・二六）

余所の夕立

一茶にこんな句がある。

「寝並《なら》んで遠《とお》夕立の評議《ひょうぎ》かな」

「てんでんに遠夕立の目利《めきき》かな」

暑い昼下がり、遠くの雷雲を見て、来るか来ないかと、言い合うことが多かったのであろう。梅雨前線や台風の雷は大災害を起こすが、真夏の一過性の雷雨は涼風を伴い、農作物に恵みの雨をもたらすので、歓迎する向きがあったに違いない。

『ことわざ大辞典』（小学館）では、「余所《よそ》の夕立」は「他の所で夕立があると蒸し暑くてたまらないところから、他の場所で何か事があって、そのために苦痛や迷惑を受けるたとえ」と解説されている。

「蒸し暑さ」だけならよいが、江戸時代の「旅行用心集」は、山奥で夕立などがあると、下流では「たちまち川幅けしからず広くなる」と注意している。残念なことに、今年も八月十七日に神奈川県の酒匂川で、上流の豪雨による下流の急激な増水で、鮎釣りの人の遭難事故が起きてしまった。

「山伏《やまぶし》の夕立」は、不意に降り出した雨に山伏が法螺貝《ほらがい》を頭にかぶる姿から、「貝かぶる」に「買い被《かぶ》る」をかけたしゃれ。

「戌亥《いぬい》の夕立は必ず来る」という諺《ことわざ》が各地にある。一過性の雷雲は北西（戌亥）から南東に動く場合が多いのだ。「西の雷は来るが、東の雷は音ばかり」ともいう。ただし逆の場合の異常豪雨もある。

「ござるぞよ戸隠山の御夕立」（一茶）

戸隠山は一茶の生家のほぼ真西にある。

「夕立や芒《すすき》刈《かる》萱《かや》女郎花《おみなえし》」（一茶）

信州の空いま、初秋の色にかわりつつある。

（二〇〇六・八・二六）

二　白米城のエゾゼミ

少年時代に長野市の西方連山の標高六〇〇～一〇〇〇メートルの高さまで行くと、麓《ふもと》では聞かれないエゾゼミの声をよく耳にした。ギーギーと力強く大声で鳴き、近づくと反響の大きさで、どの枝で鳴いているのか分からないほどだった。大型の黒色の体に黄褐色の模様があり翅《はね》は透明で、美しい姿だった。目が赤かったと記憶している。気候が寒冷化したころ本州に広がったのが、その後の温暖化で高地にだけ生き残った。神戸の六甲山でも八〇〇メートル以上の高さでよく鳴いているという。

私がこのセミを捕虫網の中に初めて見たのは飯縄高原に連なる「かつら山」の山頂であった。ここは白米城伝説のある城跡だった。山城が敵に包囲され、水を絶たれる。その時、白米を落として滝に見せかけたりして、山頂に水があることを示威する。が、城の犬が麓に水を飲みに来たり、密告者がいたりして、水はにせものであることが露見して落城する。これが白米城伝説で、全国各地にあり、分布が広く類例の多い伝説の一つという（『神話伝説辞典』東京堂出版、柳田国男「木思石語」）。

少年時代のエゾゼミは、白米城伝説と結びついて記憶に残っている。（二〇〇三・八・二九）

死なで信濃に

〈お盆から彼岸へ〉

萩遊び、乱れ萩

旧暦八月（二〇〇五年は九月四日から）の別名は萩月。九月は「萩咲く月」である。

漢字の萩《しゅう》はカワラヨモギを指すのに、日本でハギと読んだのは、漢字とは独立に作られた国字だからとか、カワラヨモギと知りながら、あえてハギに「草かんむりに秋」の字を当てたのだとか言われている。

気象台・測候所の生物季節観測によれば、全国的に分布している山萩の開花平均日は長野も松本も七月二十九日で、すでに盛夏に咲き始める。植物の本でも山萩の開花は七～九月と記され、枝垂《しだ》れて美しい宮城野萩は山萩より早く咲き、別に五月雨萩《さみだれはぎ》と呼ばれる種類もあるという。万葉集に歌われた花の種類別の統計では、一位は萩で約一四〇首、二位は梅の約一二〇首で、桜はぐんと少なく約四〇首とか。

「白露を取らば消《け》ぬべしいざ子ども露に競《きほ》ひて萩の遊びせむ」、「秋風は涼しくなりぬ馬並《な》めていざ野に行《ゆ》かな萩の花見に」（共に『万葉集巻』十）。下って『夫木《ふぼく》和歌抄』には「うゑおきて盛りになれりいざ子ども庭にし出でてはき（萩）あそびせん」（源仲遠）。

萩の花の盛りは長雨の季節である。そこで「秋萩を散らす長雨の降る頃はひとり起き居《ゐ》て恋ふる夜ぞ多き」（『万葉集』巻十）。秋の長雨は「萩散らしの雨」といえる。そして野分《のわき》（台風）の颪にも萩が散る。天保年間の暦は二十四気七十二候の白露初候（西暦九月七～十一日）の季節記事に「胡枝《はぎ》悉《ことごと》く乱る」を当てている。九月は「萩散る月」である。　（二〇〇五・九・二）

惑う星、遊ぶ星

惑星の定義が決まり、冥王星が矮《わい》惑星になった。新聞やテレビで盛んに報じられた惑星という言葉から、そもそも「なぜ惑う星」なのか、と改めて思った人もいたに違いない。

私は少年時代に惑星ではなく遊星と教わったように記憶する。英語では恒星は「固定された星」(fixed star) だが、惑星はプラネット (planet) である。プラネットはギリシャ語の「当てもなく歩き回る人、さまよう人」に由来すると辞書にある。そしてプラは擬声的語根で「ぶらぶら、ぺらぺら、ひらひら、ひらたい」などの意味があり、プランクトン(浮遊生物)、プレイ(遊ぶ)、プラットホームなどのプラも、それだという。

天動説では恒星は天球上に固定されて回転する。そこに人々は相互の位置関係を保つ秩序を感じた。

「天は高く夜気おごそかに、列星森としてその位に就く」(蘇東坡《そとうば》)。「政《まつりごと》を為すに徳を以《もっ》てすれば、たとえば北辰《ほくしん》(北極星)の其の所にいて、衆星のこれに共《むこ》うが如《ごと》し」(論語)。

金星、火星、木星などは天球上で複雑な動きをして秩序を乱している。それを「惑っている」とか「遊んでいる」と感じたのである。

太陽は天球上に黄道を描くが、これは「惑い」でも「遊び」でもない。「惑う」と「遊ぶ」では語感がずいぶん違うが、惑星は東大系、遊星は京大系の学者がよく使っていた、と聞いたことがある。どちらかといえば私は遊星の方が好きである。

もう一つ秩序を乱すのは流れ星。別名、抜け星、落ち星。あまりにも厳格な秩序にたまりかねて「いち、抜けた」「に、抜けた」と落ちるのであろうか。

(二〇〇六・九・二)

一　月の雫、雁の涙

少年時代の信州では、夏休みが終わりに近づく頃《ころ》、ズック靴が草原の朝露に特によく濡《ぬ》れた記憶がある。英語の諺《ことわざ》でも「聖バルトロメオが冷たい露をもってくる」と言う。キリスト教の聖人バルトロメオの祭日は八月二十四日である。そこで露は本当に秋に多くなるのか文献で調べてみた。

露の季節変化については古い観測資料しかない。福岡気象台で一九三四年（昭和九）四月から一年間、露量の観測が行われた。屋外のガラス皿についた露の重さを測り、雨量に換算したのである。それを四季別に合計すると、春二・八四ミリ、夏二・三〇ミリ、秋三・五二ミリ、冬二・二〇ミリで、たしかに秋に多くなっている。また古いアジアの気候表（一九七五年、旧ソ連版）によると中国の西安の平均露日数は冬一日、春十一日、夏十三日、秋二十二日で、秋が断然多い。これは夏の水蒸気が秋の夜長の冷え込みで露が凝結するからである。

露は静穏晴夜によく降りる。西安は昔の長安の都。そこで唐詩には「露は真珠に似たり月は弓に似たり」（白居易）などと月夜の露の詩が多い。パキスタンの「なぞなぞ」では露は「青草の真珠、月の妹、太陽の妻の妹」。そして日本でも露は「月の雫《しずく》」と呼ばれてきた。

もう一つの露の別名は「雁《かり》の涙」。古今和歌集には「鳴きわたる雁の涙や落ちつらむ物思ふ宿の萩のうへの露」とある。もっとも古歌では萩は「鹿《しか》の妻」、「鹿鳴草《しかなぐさ》」だから、萩の露は「鹿の涙」かも。

（二〇〇四・九・三）

稲葉の猿子

秋は露の季節。中国伝来の二十四気には白露《はくろ》（九月八日）、寒露《かんろ》（十月八日）があり、漢詩では「月露　光彩を発す　此《こ》の時　方《まさ》に秋を見る」（劉禹錫）、「白露　珠を垂れて秋月を滴らす」（李白）などと詠まれている。日本でも和歌、俳句では、露は秋の景物で、万葉集に「秋萩の咲き散る野辺の夕露に濡《ぬ》れつつ来ませ夜は更けぬとも」とある。

その露について面白い現象がある。実は私は何回かこの現象の観察を試みたが、まだ見たことがない。それはイネの葉の露が葉の縁《へり》に沿ってスルスルと上がっていく現象で、動物のサルの子の動きに見立てて「猿子」と呼ぶ地方が徳島県にある。日暮れ時にイネの葉に小さい露がびっしりとつくと間もなく、葉の下の方から水玉が上がり始める。速度は三秒で一〇センチほど。この現象は隣同士の小さい露が合体して一つになり、それがまた次の露と一緒になるのを繰り返して起こる。上に動くのはイネの葉のギザギザが上向きになっているからである。七月末から八月末ごろに多いが、九月上旬の穂ばらみ期にもよく見られる。

徳島県のある高校の科学クラブが、ずっと以前に行ったアンケート調査では、この現象を見たことのある人は五％、聞いただけの人は二三％。「猿子を見たら家に帰れ」は、夕暮れ時は早く帰れと若い娘を戒めた言い伝えである。


（二〇〇二・九・六）

可思莫思花

新聞に掲載されている木曽町開田高原のコスモス街道の写真を見て、アララギ派の歌人・土田耕平（一八九五〜一九四〇）の次の歌を思い出した。

「コスモスは倒れたるまま咲き満てりとんぼうあまたとまる静かさ」

土田耕平は上諏訪町（現・諏訪市）出身、諏訪中学中退、島木赤彦に師事し、「清澄な自然詩人」の名声を得た。結核、不眠症、心臓病、睡眠剤中毒症、腎臓炎などを患い、伊豆大島、諏訪、伊那、北信、須磨、明石、京都などと住居を変え、一九四〇年（昭和十五）八月、下伊那郡鼎《かなえ》村（現・飯田市）で亡くなった。享年四十五歳。東京の青山脳病院で斎藤茂吉の治療を受けたこともあったらしい。

信濃毎日新聞の歌壇の選者を務め同紙に童話も発表していた。私は少年時代にその童話を読んだかもしれないのだが、四十歳をすぎて業余の時間に「季節ノート」を書き始めてから、前記の歌でこの歌人に初めて出会った。

コスモスは明治初年にメキシコから渡来し、明治末には、ある俳句誌が募集したコスモスの句に、北は新潟、富山、西は長崎から、また朝鮮半島からも投稿されたという。「咲きそめしよりコスモスの大和ぶり」（別天楼）であったのだ。

現代中国語辞典ではコスモスの呼び名は秋英。日本の秋桜に似ている。もう一つは「可思莫思花」。コスモスの音に漢字をあてたものと思われるが、「思うべし、思うなかれ」は花言葉としても面白い。しかし、この花にはやはり「清楚《せいそ》で健気《けなげ》」を捧げたい。土田耕平が詠んだように、嵐に倒れても地面に接した茎から根を生やして立ち上がる。

（二〇〇七・九・八）

重陽、おくんち

日めくりカレンダーには、九月九日は重陽《ちょうよう》、救急の日とあり、「己の立場をよくするため他人をおとしいれてはならぬ」と記されている。別の日めくりでは、この日の人生訓は「信用は最大の資本」。救急は九九の語呂合わせとすぐに分かるが、重陽は現代人には馴染《なじ》みの薄い言葉である。

昔からの五節供《ごせっく》は人日《じんじつ》（一月七日、七種《ななくさ》）、上巳《じょうし》（三月三日、桃の節供、重三《ちょうさん》）、端午（五月五日、菖蒲《しょうぶ》の節供、重五）、七夕《しちせき》（七月七日、たなばた、双七）、重陽（九月九日、菊花節、重九）である。いずれも日付は奇数で、人日のほかは、同じ奇数が重なっている。

陰陽説では奇数は陽数、偶数は陰数。そして九月九日は最大の陽数が重なる日として、五節供の中で最もめでたい日とされ、日本でも「菊の節供」は宮廷や幕府で盛大に祝われた。この日の酒は菊花酒、菊の別名は重陽花。ただし日付は陰暦で、現行暦の九月九日は菊には早すぎる。

重陽の節供は民間では各地で「おくんち（お供日または御九日）」として秋祭りの日となり、長崎の「おくんち」は現行暦で月遅れの十月九日に行われている。信州でも「おくんち」の風習は各地に残っており、九月九日の初九日《はつくんち》、十九日の中九日《なかのくんち》、二十九日の乙九日《おとくんち》には茄子《なす》を食べたという。

永禄四年九月九日、松代の西条山で重陽の月を愛《め》でた上杉謙信は、夜十一時ごろ全軍を率いて山を下り、鞭声《べんせい》粛々と千曲川を渡った。太陽暦では一五六一年十月二十七日深夜のことである。

（二〇〇五・九・九）

更級の月と蕎麦

「そば時や月のしなの、善光寺」（一茶）

よく知られている「信濃では月と仏とおらが蕎麦《そば》」は一茶の句ではなく、後の人が「そば時や…」を真似たものという。

今年は九月一日が上弦の月で一昨夜は旧暦の閏《うるう》七月の「盆の月」、昨夜は満月だった。

「山里の盆の月夜の明るさよ」（高浜虚子）

旧暦のお盆の夜は毎年必ず十五夜お月様で明るかった。「盆の月」の一ヵ月後の旧暦八月十五日（本年は十月六日）は「中秋の名月」で更級《さらしな》の姥捨《うばすて》では「田毎《たごと》の月」を愛でる。

その更級の月と蕎麦について、珍しい説を読んだ。『英米故事伝説辞典』（冨山房）によると、ヨーロッパでは蕎麦をサラセン麦または単にサラセンと呼ぶ。サラセン人は十字軍時代のアラビア人またはイスラム教徒を指す。蕎麦は中央アジア原産でアラビア人やモンゴル人が食べ始めて世界に広まった。

サラセン人は月を特に尊び、モンゴル語ではサラは「月」、サラシナは「月の山」。そこで更級の月や蕎麦は西アジア方面に関係ある……。付会の説とは思うが、ここまで来ると、ちょっと面白くなる。

更級と書けば信州の郡の名で、更科と書けば蕎麦屋の店名になる。江戸時代に開業した人が信州蕎麦粉の集散地である更級の更に主家保科《ほしな》家の科をつけて「信州更科蕎麦所」の看板を掲げた、と植原路郎著『改訂版・蕎麦辞典』（東京堂出版）にある。
「そば所と人はいふなり赤蜻蛉」（一茶）

（二〇〇六・九・九）

フジバカマ

万葉集に詠まれた秋の七草はハギ、ススキ、クズ、ナデシコ、オミナエシ、フジバカマ、キキョウだが、フジバカマは少年時代の信州で見たことがなかった。信州では秋は「六草」の地方が多いと記された本を読んだこともある。

一九七九年（昭和五十四）の秋、私は、この花を求めて東京で数軒の花屋さんを回ったが、「フジバカマってどんな花ですか」と聞き返されてしまった。十年後の八九年、日本自然保護協会は、関東平野の川の土手などに自生していたフジバカマを絶滅寸前植物の一つとして発表した。

その翌年、近所の花屋さんに鉢植えのフジバカマが並んだ。どこかで手広く栽培され始めたのだった。この花は枯れると茎や葉から芳香を発し、玄関でもそれと気づくほどだった。妻はそれをセロハン紙に包んで書斎の隅に置いた。七年後に妻は六十九歳で他界。私は七十三歳だった。昔はこの枯れ草を敷いて寝室に芳香を漂わせたという。フジバカマの名は「不時に佩《は》かま欲《ほ》し（いつも身につけていたい）」に由来するという説もある。

今年（二〇〇四年）の五月二十九日の本紙で上田市の信濃国分寺跡史跡公園の花壇にフジバカマが植えられているという記事を読み、思い出して妻が包んだ十年前のドライフラワーを取り出してみたら、まだ香っていた。

古今集に「宿りせし人の形見か藤袴《ふじばかま》忘られがたき香ににほひつつ」（紀貫之）とある。花言葉は「ためらい」、「あの日のことを思い出します」である。

（二〇〇四・九・一〇）

二　死なで信濃に

江戸時代の俳人・加舎白雄《かやしらお》（一七三八〜一七九一）の名を知ったのは、気象庁を定年退職しNHKテレビの気象キャスターとして日本の季節の美しさをお茶の間に届けるようになってからである。その仕事の関係でお会いした藍生《あおい》俳句会主宰の黒田杏子《ももこ》さんが「近世から昭和への私の好きな俳句」に「人恋し灯ともしごろをさくらちる」（加舎白雄）を挙げ、「昭和の俳句といってもわからないほどみずみずしい」と書いておられたのだった。

白雄は信州上田藩士の次男として江戸深川の藩邸で生まれ、日本橋に春秋庵を設立、関東、中部地方に三千〜四千の門人を擁していたという。そして上田をたびたび訪れて東信濃に多くの門人を育てた。吉野山で詠まれた前掲の句は、上田城址公園の句碑に「ひと恋し火とほ（ぼ）しころを桜ちる」と刻まれている。

「松たけや死なで信濃に草まくら」は上田での句であろう。読売家庭版・ヨミー九月号に、上田盆地・塩田平のマツタケ山の記事が載っている。

去る九月二十日、終戦の年（一九四五年）に長野市古牧国民学校を卒業した生徒たちの同窓会に出席した。太平洋戦争が始まった一九四一年、この生徒たちは九歳で三年生。そのとき十七歳の私は代用教員として十か月ほど教壇に立ったのであった。善光寺大勧進で物故者の法要が行われ、和やかな懇親会が続いた。八十一歳の私は「死なで信濃に」来ることができたことを、しみじみとありがたく感じていた。

（二〇〇五・九・二〇）

二　大安のお月様

ゆえあって一九五二年（昭和二十七）九月十二日が陰暦（旧暦）では何月何日に当たっていたかを調べてみた。結果は、この年の陰暦は閏《うるう》の五月が挿入されたので、まだ七月二十三日であった。その七月の七と二十三日の二十三を足すと三十になる。その三十を六で割ると五がたって余りは〇。

「やはりあの日は間違いなく大安だったのだなあ」と私はつぶやいた。このように陰暦の月の数と日の数の和を六で除したとき割り切れて余りが〇なら、その日は必ず大安なのである。

私事を記して恐縮だが、この日私は、六年前に亡くなった妻と結婚した。はじめに決めた結婚式の日付は仏滅だった。妻の母は、仏滅を気にするのは陋習《ろうしゅう》だと主張する私たちに何も言えず、ひとり店に座って大きなため息をついた。妻は東京・下町の煙草《たばこ》屋の末娘で両親はすでに高齢だった。結局、私たちは「年寄りに心配かけるのはよそう」と、一日遅らせて大安にしたと記憶している。が、いまになって、その日は本当に大安だったか確めたくなったのだ。近ごろ、私を含めて老人の思い出話には記憶違いが多いことにしばしば気づくからである。

前記の計算で余りが〇なら大安だが、一なら赤口、二は先勝、三は友引、四は先負、五は仏滅になる。昨日の中秋の名月は陰暦八月の十五夜の月。前期の割り算では余りは五だから中秋の名月は毎年必ず「仏滅名月」になる。そして今夜の十六夜《いざよい》は必ず「大安のお月様」になるのである。

（二〇〇三・九・一二）

二　いなかの四季

朝の散歩道でよく出会う老婦人から「子供のころ習った唱歌〝いなかの四季〟の歌詞が思い

出せない。教えていただけませんか」と声をかけられた。

帰宅して五十年ほど前に購入した岩波文庫の日本唱歌集を開いてみたら、秋はこんなふうに歌われていた。

「二百十日も事なくすんで／村の祭のたいこがひびく／稲は実がいる日よりはつづく／刈ってひろげて日にかわかして／米にこなして俵につめて／家内そろって笑顔に笑顔」

この歌の初出は一九一〇年（明治四十三）の『尋常小学読本唱歌』で、昭和初年代に小学生だった私も習った。そのころの農村の貧困や、農民運動、長野県の小学校教師赤化事件などの歴史を知ったのは戦後になってからである。

当時の「いなかの春」は「道をはさんで畠《はた》一面に／麦は穂が出る菜は花盛り／眠る蝶《ちょう》々と遊び立つひばり…」と詠まれ、夏は「手先に月影が動く」まで田植えに励んだ帰り道、振り返ると「葉末《はすえ》葉末に夜露《よつゆ》が光る」。そして「松を火にたくいろりのそばで／夜はよもやま話がはずむ」冬の夜は、更けて軒端《のきば》に雪が降り積った。

私が住んでいる東京・目白でも、今年も鎮守様の氷川神社のお祭が行われ、商店街の狭い空き地に夜店が並び、浴衣姿の少女が楽しげに歩き回っていた。御神輿を威勢良く担いでいる女性たちは余所《よそ》から集まってきた「お祭好きのボランティア」らしかった。そんな祭の夜、私は「いなかの四季」の歌詞のコピーを老婦人に手渡すことができた。

（二〇〇六・九・一六）

一　空の名残

明日は秋の彼岸の入りで二十三日は秋分の日、お彼岸の中日である。春分と秋分の日は、太陽は真東から昇り真西に沈む。仏教の浄土は西方十万億土《さいほうじゅうまんおくど》にあり、その方向を正しく示す彼岸の入り日は特に拝む対象になってきたようである。

中学生のころ、西空に向かって散歩中の父が「極楽は西にあるという気持ちがわかるような気がするなあ」と、子供に語りかけるようにつぶやいた。私は十人兄弟姉妹の九番目の子で、父は還暦を過ぎていた。

後年、「徒然草」で「この世のほだし持たらぬ身に、ただ空の名残のみぞ惜しき」という言葉に出合い、亡き父を思い出した。この言葉は今泉忠義氏の訳注では「この世に何の執着を持っていない自分にも、ただ四季の移り変わりに対する惜別の情だけは抑えられない」と訳され、本多顕彰氏の現代語訳は「この世の中に心を引きとめるなにものも持っていない自分だが、ただその日その日の空との別れだけがなごり惜しい」となっている。

落日は死の連想に結びつきやすい。『英米故事伝説辞典』（冨山房）に「西に行く」（go west）という言葉がある。第一次大戦中、兵士たちは、「あいつは戦死した」という意味で「西に行っちゃった」と語り合ったという。この言葉は第一次大戦前に遡《さかのぼ》れるらしい。もう一つの「西に行く」（go to the west）は、アメリカ西部の開拓地に一旗あげに行く意味になっている。

「大空は恋しき人の形見かは物思ふごとにながめらるらむ」（古今集）。

（二〇〇三・九・一九）

中秋の名月

あすの晩は旧暦八月の十五夜、中秋の名月で、今夜は待宵《まつよい》。明後日の夜から十六夜《いざよい》、立待《たちまち》月《づき》、居待月《いまちづき》、臥待月《ふしまちづき》（または寝待月）、更待月《ふけまちづき》と月見の夜が続く。秋の名月のころは月齢による月の出の時刻の遅れが小さくて、東京の場合、名月の月の出の時刻は午後五時五十分で、更待月は八時六分である。ところが春分のころは、十五夜の月の出は五時二十三分、更待月に当たる二十日（旧暦）の月の出は午後十一時十八分で、ひどく遅くなる。秋の方が連夜の月見に適している。

旧暦と現行暦との日付の対応関係は年により異なり、中秋の名月は現行暦の九月八日ごろから十月七日ごろの間を移動する。このころは秋の長雨や台風の季節に当たるため、俳句歳時記には「中秋無月」、「曇る名月」、「雨名月」などの言葉が並んでいる。

中秋の名月の別の名は「芋名月」。秋の月見は収穫感謝の風習であろう。

話は変わるが、我が家の書斎にはドイツ語訳とロシア語訳の一茶の句集が並んでいる。ドイツ語訳は長野市の切り絵作家柳沢京子さんからいただいたもので、美しい切り絵がついている。その中には「名月をとってくれろと泣く子かな」が選ばれている。書斎には俳句の英訳の本もあるのだが、この句は載っていない。が、英語の辞書には「月を求めて泣き叫ぶ（クライ・フォー・ザ・ムーン）」が載っており、「得られない物を欲しがる」の意味になっている。英国でも名月をとってくれろと泣いた子がいたようである。

（二〇〇二・九・二〇）

二　室戸台風

一九三四年（昭和九）九月二十一日、超大型台風が四国の室戸岬に上陸し、富山湾に抜けた。死者三〇三六人の室戸台風である。

台風の中心が徳島市付近にあった二十一日午前六時、大阪では地形などの関係で風速はわずか六メートル、学童達は嵐のど真ん中にいることを知らずに登校した。そして、午前八時三分、大阪測候所では瞬間風速が六〇メートルを超え、無線電信用の鉄塔が倒れ、風速計は破壊され、小学校では朝礼中の児童が倒壊校舎の下敷きになった。

大阪府の死者は一八一二人、うち生徒・児童六七六人、教職員一八人。倒れる校舎を背に支えて死んだ女性教師の下で児童五人が生き残った。

暴風域内の登校は無謀な話だが、ラジオ放送が始まってまだ九年目、テレビもない時代だった。長野県の死傷者八十九人、家屋の全・半壊三四一六戸。私は長野市で小学五年生だった。

京都では倒壊した校舎の梁《はり》の隙間に入って奇跡的に助かった少女がいた。少女は成人して、孫娘に恵まれた。学問好きな孫娘は日本銀行大阪支店に在職中に気象予報士の資格を取得、両親の反対を祖母の後押しで説得して気象キャスターの道を選んだ。ＮＨＫテレビ午後七時のニュースの半井小絵《なからいさえ》さんである。

死者を千人単位で数える台風は五九年（昭和三十四）九月二十六日の伊勢湾台風（死者五〇九八人）まで続いた。その翌々年の九月、それまでの「災害目盛り」からいえば死者五千人級の第二室戸台風が、昔の室戸台風と同じコースで来襲したが死者は二〇二人。〝千人台風〟に一応の終止符が打たれた。

「防災の日」の制定は伊勢湾台風の翌年、災害対策基本法の公布は第二室戸台風の年だった。

（二〇〇七・九・二二）

二　雷声を収む

古代中国で作られた二十四気七十二候では、秋分初候（九月二十三日〜二十七日）の季節記事に「雷声を収《おさ》む」が当てられ、江戸時代に日本の気候に合うように修正された暦でも、この記事は踏襲されている。長野気象台の統計では、平均雷日数は七月と八月はそれぞれ四・三日に対して、九月は一・九日、十月は〇・四日と急減している。

冬に向かって雷日数が少なくなるのは、大地が冷えて上昇気流が起こりにくくなるからである。モスクワ郊外の自然暦でも終雷の平均日は九月十二日である。ただし、秋の雷が声を収めるのは内陸部の話で、冬の海は大気より暖かいので対流が起こり、海に近い地方では、雷日数は冬に向かって増加する。金沢気象台の平均雷日数は、八月は三日、九月と十月は各二日、十一月は五日、十二月は七日である（小数点以下四捨五入）。

気象表の雷日数は「雷鳴を伴う電光」や「近傍で発生した雷鳴」を観測した日を数えたもので、電光のみの場合は含まない。一方、稲光、稲妻は一般には雷鳴を伴う電光も含めて言う場合が多いが、俳句歳時記は、雷鳴を伴わない電光に限定し、秋の季語としている。少年時代、遠くの雲間を音もなく走る稲光に夏の別れを感じたものだった。ロシアでも八月の別名は「遠稲光の月」である。

なお七十二候では、春分二候（三月二十五日〜二十九日）に「雷声を発す」とあり、モスクワ郊外の自然暦には春の雲の代表、綿雲（積雲）の初見平均日は三月二十四日と記されている。

（二〇〇五・九・二三）

彼岸の夕日

タクシーで帰宅途中、運転手の肩越しに差し込んでくる夕日のまぶしさに、彼岸の季節を感じた。

東西に細長く伸びる東京都では、東西方向の道路や鉄道が多い。そして彼岸の太陽は真東から上り真西に沈むので、ビルの谷間の道路や路線がいっとき、朝日や夕日に赤く光る。

鹿児島気象台長のころ「彼岸夕日を藺落《いおとし》で見れば極楽浄土が拝めます」と歌う民謡の存在を知った。藺落は鹿児島県甑島《こしき》の西海岸の断崖で、彼岸の夕日は、赤々と真西の海に沈む。仏教では極楽浄土は西方十万億土《さいほうじゅうまんおくど》にあると信じられてきた。

兵庫県にはお彼岸に午前は東に、午後は西に向かって歩く「日迎え日送り」の行事があったという。

徳富蘆花は著書『自然と人生』で、湘南から見る夕日は冬至には伊豆の天城山、春分や秋分には富士山、夏至には丹沢山地の大山に沈むと記している。私も少年時代に信州で、日の出や日の入りの山の違いで季節の移ろいを感じた記憶がある。

真西に沈む太陽に真向かいの十五夜お月様（中秋の名月、本年は十月六日）は真東から上る。「対月忘西（月に対して西を忘れる）」（鴨長明）は月の出を待っていると、西方浄土を信仰している身分も忘れてしまうという意味らしい。「弥陀《みだ》の御顔は秋の月」と歌う古歌もあった。

野山に爽やかな季節が始まった。しかし「秋の彼岸は農家の厄日」ともいわれてきた。台風の季節はまだ終っていない。「豊作と天下定まる彼岸かな」（秋航）であってほしい。


（二〇〇六・九・二三）

二　魔の九月二十六日に思う

気象技術者としての私が経験した死者・行方不明千人以上の台風災害は、枕崎台風（昭和二十年九月十七日）死者三七五六人、カスリーン台風（同二十二年九月十五日）一四一七人、洞爺丸台風（同二十九年九月二十六日）一一六九人、狩野川台風（同三十三年九月二十六日）一二六九人、伊勢湾台風（同三十四年九月二十六日）五〇九八人の五回であった。特に九月二十六日が三回もあり「魔の九月二十六日」という言葉が生まれた。

また年代別の台風死者数は、昭和二十五～三十四年が一一六六〇人、同三十五～四十四年が一二七〇人、同四十五～五十四年が八〇八人で、昭和三十五年を境に激減している。これは伊勢湾台風を契機に制定された災害対策基本法により、地域に密着した防災計画が、経済成長に伴う防災社会資本の蓄積、防災社会基盤の整備に裏付けられつつ、国民の合意と直接・間接的な参加の下に実施されてきたことにより実現された。アメリカではハリケーンの死者数の激減は一九四〇（昭和十五）年代に達成されている。日本の台風災害が二十年遅れて先進国型へ移行したことを、私はつい昨日のことのように覚えている。

先進国型風水害では、被災物件の増加、多様化、広域化、高額化により損害額が飛躍的に増大しており、また防災施設・避難システムが機能しなかった場合の台風死者数のポテンシャル（潜在的可能数）も桁違《けたちが》いに増大している。

私たちは何によってどのように災害から守られているか、そこでの国・自治体・個人の役割分担はいかにあるべきかを常に検討している必要があると思う。

（二〇〇三・九・二六）

二　彼岸の明け、結岸

秋の彼岸がきのう二十六日で終わった。私の少年時代は、彼岸には善光寺の参道に映画の「フーテンの寅さん」のような人達が並んで、独特の口調で物を売っていた。その話し振りの面白さに惹《ひ》かれて、秋季皇霊祭《しゅうきこうれいさい》（秋分の日）の休日に、よく出かけたものだった。

少年時代の記憶では彼岸が過ぎると、信州の空は急に高くなった。気候表では長野の九月の降水量の平年値は一三〇ミリだが、十月は七〇ミリとほぼ半減している。低い雨雲の蓋がとれた後の青空は特に高く感じるのであろう。

ところで『NHK放送のことばハンドブック』（一九八七年）には、入り、明けという言葉は寒《かん》、土用、梅雨には使うが盆には使わない。また彼岸には入りは使ってもいいが明けは使わない、とある。用語の専門家に尋ねたら、彼岸は「悟りの境地」であり、そこからさらに明けてしまうことはないからだという。群馬や栃木では彼岸の最後の日を「走《はし》り口」、福島では「結岸《けつがん》」という地方がある。『日本国語大辞典』（小学館）には結願（けつがん、けちがん）が載っており、仏教用語では「日数を定めて行う法会《ほうえ》や修法《しゅほう》を終えること。またその最終日やその日の作法をもいう。転じて、俗に彼岸の末日をいう」とあった。が、彼岸の場合は結願より結岸の方がぴったりのような気がする。

しかし悟りの岸に結んだ網もいつしか解けて、人は一生、年に春秋二回、彼岸を目指して煩悩の川を渡り続けるのではないだろうか。

（二〇〇二・九・二七）

吾も恋う

去る九月十九日の昼過ぎ、NHK総合テレビのトーク番組「スタジオパーク」に出演した。私の著書『花の季節ノート』（幻冬社）、『やまない雨はない――妻の死、うつ病、それから――』（文芸春秋）などを巡っての対談だったが、「皆さんが選ぶ秋の七草」のアンケートが行われ、番組進行中に続々と約二百通の回答が寄せられた。

花の種類は約三十種に達し、ガマの穂、トリカブト、ナンバンキセル、エンゼルトランペットなどもあった。マツムシソウ二通は、共に長野県からだった。

際立って多かったのはワレモコウ（吾亦紅）。千草《ちぐさ》の中から「私だって紅《くれない》よ」と遠慮がちに顔を出している風情に、多くの人が「秋」を感じているらしい。吾木香とも書くのは、根の形がインド原産の木香の根と似ているからという。「吾も恋う」と書いた回答もあった。

信州上田出身の江戸の俳人・加舎白雄《かやしらお》は「この秋もわれもかうよと見て過ぎぬ」。秋の野を歩きながらこの花を見て「私もお前さんと同じようなものだよ」と思ったのであろうか。花言葉は「愛慕」。

「吾木香すすきかるかや秋草のさびしききはみ君におくらむ」は若山牧水（一八八五〜一九二八）。宮崎県出身だが、奥さんが信州人で、よく長野県を訪れた。小諸の懐古園内に「かたはらに秋ぐさの花かたるらくほろびしものはなつかしきかな」の歌碑がある。

スタジオパークで選んだ秋の七草はワレモコウ、ヒガンバナ、コスモス、ソバ、ミズヒキ、キンモクセイ、メドセージであった。

（二〇〇六・九・三〇）

二　金九月、銀十月

今時分の気候についての、ちょっと面白い言い回しを拾い出してみた。秋の快適な気候を言い表わした中国の諺《ことわざ》に「金九月、銀十月」がある。日本では「いつも九月に常《じょう》月夜」という。

この九月は旧暦だから今の十月。いつも爽《さわ》やかで月夜なら世の中万々歳だというのである。電灯が無かった昔は、月夜の明るさが本当に有難《ありがた》かったらしい。

快適な気温は春にも現れるのに、秋が特に好まれたのは、農作物の収穫の季節だからであろう。そこで「いつも月夜に米の飯」とも言われた。辞書には秋の語源について十二の説が載っているが、第一の説は「食物が豊かにとれる季節であることからアキ（飽）の義」、第二の説は「アキグヒ（飽食）の祭の行われる時節の意から」とある（日本国語大辞典・小学館）。さらに人々の秋の願いは、「世の中はいつも月夜に米の飯、負わず借らずに子なら三人」、「常八月、常月夜、早稲《わせ》の飯に泥鰌《どじょう》汁、女房十八、われ二十」と続き「世の中はいつも月夜に米の飯、さてまた申し金のほしさよ」という。

「爽やか」という言葉は俳句では秋の季語になっている。一方、「麗《うらら》か」は春の季語。他の季節には「秋麗《あきうらら》」「冬麗《ふゆうらら》」などという。競馬の「ハルウララ」は「馬から落ちて落馬した」と同様の「春」の二重表現になるのかも。

長野市の本日の日最高気温の平年値は二一・六度で五月十日と同じ。ただし十月は五月より二時間半ほど昼間が短く、「秋の日は釣瓶落《つるべおと》し」。だから月夜がいっそう有難い。

（二〇〇四・一〇・一）

二　キノコの思い出

小学生のころ同級生数人で、今は住宅地になっている長野市の低い山からキノコをとってきて炭火で焼き醤油《しょうゆ》をつけて食べようとした。「測候所、測候所、測候所」と私達《たち》はふざけて「あたらない」おまじないを唱えた。そこに母が現れ、食べるなと説得した。小学校の先生が食用だと教えたと主張する子供達に母は断固として譲らず、代わりにとお櫃《ひつ》の残りご飯で味噌《みそ》や黄粉《きなこ》をつけたお握りをたくさん作り、私達はそれで満足した。仲間に有名な和菓子屋の長男がおり、後に同級会で「あのお握りはうまかった」と述懐した。

「あたらない」おまじないに測候所と唱えた私は、成人して気象予報に従事するようになった。そして札幌気象台に勤めていた一九五七年（昭和五十二）の秋、近くの知事公舎の庭から、友人が食用と保証するキノコをとってきた。すると同僚は「予報課長がキノコにはあたった、と言われないようにね」と、「には」を強調してからかった。

ＮＨＫテレビの仕事をしているとき、マツタケ生産県として名高い広島県で「稲不作はマツタケ豊作」、「山豊作、里不作」と言われていることを知った。また「マツタケは台風が持ってくる」と言い、スプリンクラーで水を撒《ま》き、機械装置で松の木を揺らして台風効果を作り出している場面をビデオで見た。根を刺激するとマツタケの菌がつきやすいとか。今年は米の不作年らしい。「悪年坊主」の別名を持つマツタケは豊作だろうか。

（二〇〇三・一〇・三）

赤卒群飛

〈秋の便り〉

赤卒群飛

中国伝来の二十四気七十二候を日本の気候に合うよう書き改めた天保年間の暦の一つは、処暑三候（九月二日〜六日）の季節記事に「赤卒群飛」を当てている。赤卒は赤トンボ。「赤衣使者」ともいう。

このトンボは平野で羽化して晩春・初夏に高原に移動し、成熟して体色を赤くして、晩夏・初秋に「赤卒群飛」して平野に戻る。一茶も「町中《まちなか》や列を正して赤蜻蛉《あかとんぼ》」と詠んだ。文政年間の句だから、多分、信州の風景であろう。

里に下りた赤トンボは野分《のわき》によく出合った。

「颱風《たいふう》の中なる凪《なぎ》を飛ぶ蜻蛉《あきつ》朱のあざやかに列《つら》しばしあり」（北原白秋）

「コスモスは倒れたるままに咲き満てりとんぼうあまたとまる静かさ」（土田耕平）

「颱風の中なる凪」は「台風の目」であろうか。トンボを「あきつ」と呼んだのは「アキツムシ（秋之虫）」または「アキツドヒムシ（秋集虫）」に由来するという。

秋霖《しゅうりん》（秋の長雨）が明けると「赤蜻蛉筑波に雲もなかりけり」（子規）。秋も深まって冷えてくると「小春日や石を噛《か》み居る赤蜻蛉」（鬼城）。また光が当たるように一斉に横向きにとまるので「蜻蛉《とんぼう》の向《むき》を揃《そろ》へる西日かな」（嵐外）。

信州の高原に住んでいた尾崎喜八（一八九二～一九七四）は、作品「晩秋」で「つめたい池にうつる十一月の雲と青ぞら」、「もう消えることのない連山の雪のかがやき」とともに「牧柵《ぼくさく》にとまって動かない最後の赤とんぼ」に目を注いでいる。

（二〇〇五・一〇・七）

二 ソバの赤すね

九月三十日付読売新聞夕刊（東京版）に掲載された長野県箕輪町中箕輪の高原一面を赤く彩

るソバの花の写真に目を見張った。ネパール原産の赤ソバを品種改良して「高嶺《たかね》ルビー」と名付けたものという。

「蕎麦《そば》の花山傾けて白かりき」（青邨《せいそん》）

ソバの花といえば誰しも白と思う。しかし江戸時代の惟然《いぜん》の句に「肌寒きはじめに赤しそばの花」がある。赤ソバは昔から日本にもあったのであろうか。

実はこの句は、ソバの花ではなく茎を詠んだものと考えられている。「蕎麦の花横日に茎の赤みかな」…。たしかにソバの茎は赤い。この句を詠んだのは杉坂百明《ひゃくめい》。江戸時代の俳人で、信州上田出身の加舎白雄《かやしらお》が彼に兄事した関係で、信州に俳諧指導に訪れたと伝えられる。

ソバの茎の赤いわけは、寒い日に老人を背負って脚を赤くして冷たい川を渡った優しい娘がソバになったからという民話がある。肥料不足だと赤色が一層濃くなることから、信州の諺《ことわざ》の「ソバの赤すね（脛）」は作柄の悪いソバ作りをしてしまったことを反省している言葉だという。

「痩山《やせやま》にぱっと咲きけりそばの花」（一茶）…。ソバは痩せた土地の作物だった。「ソバの自慢はお里がしれる」も信州の諺。「水の自慢は…」ともいう。僻地のしるしだというのである。

「秋風に蕎麦たまらず」は、「傍《そば》がたまらない」を「傍迷惑《はた》」にかけた諺。昭和年代に入って使者一〇〇人以上の災害を起こした十月台風は七個もある。約十年に一個の割合である。

（二〇〇六・一〇・七）

嫁おどし、女だまし

気象台、測候所の季節観測によれば、高い山々の初冠雪の平年日は、長野気象台から見た東方連山は十月二十二日。松本測候所から見た乗鞍岳は十月十五日で常念岳は同二十三日、鉢伏山は十一月十一日。軽井沢測候所から見た浅間山は十月二十一日。飯田測候所の観測では、仙丈ケ岳十月二十一日、塩見岳同二十五日、安平路山十一月十一日、風越山同二十五日、鬼面山同二十七日である。

愛知県北設楽郡の方言に「信濃のおばさ」というのがある。信濃との境の山々の冠雪を老女の白髪に見立てたものらしい。私の少年時代、母が手を赤くして野沢菜を冷水で洗って漬けるころ、長野盆地の東方連山は新雪で輝いていたように思う。

晩秋・初冬に急に寒くなったり初雪・初時雨が降ったりする天気を表す全国各地の方言に、嫁おどし、姥《うば》おどし、婆《ばば》おどし、ショビタレおどしなどがある。

ショビタレはだらしない女性をいう三重県の方言だとか。昔から冬支度は女性の務めであり、不意の寒さが家事を司《つかさど》る女性を慌てさせたのであろう。中国の諺《ことわざ》にも「西北風一發　懶惰阿娘一駭」とある。

鹿児島気象台長を務めていたとき、晩秋・初冬の一時的な寒さは「女《おなご》だまし」だと聞いた。すぐに小春日和になるというのである。地方紙に「かごしまの女だましといふ寒さ」（川井田翠歩）という句も載っていた。「おどし」ではなく「だまし」と呼んだところに、南国の冬の優しさを感じたものだった。

（二〇〇四・一〇・八）

二 とびっくら

一九六四年（昭和三十九）の東京オリンピックの開会式が十月十日に決まった経過を、当時気象庁の予報官だった私は、次のように聞いた。

はじめ日本は清々《すがすが》しい五月の開催を主張した。が、冬が長い北欧の国々は事前の練習期間が短いからと反対して八月を提案。これには、東京の真夏は熱帯並みに暑く台風の心配があるからと日本が反対。結局、台風と秋霖《しゅうりん》（秋の長雨）の季節の終了をぎりぎり早目に見込んで十月十日に開会と決まり、当日は見事なオリンピック晴れになった。国民の祝日の「体育の日」はこの日に由来するが、後に十月の第二月曜に変更され移動祭日になった。

私が昭和初年代に学んだ長野師範付属小学校の運動会も十月だったと記憶している。楽しい日だったが、一つだけ憂鬱《ゆううつ》なプログラムは、最初の「とびっくら」だった。私達は「かけっこ」を「とびっくら（飛び比べ）」と呼んでいた。走ることを飛ぶというのは長野県を含む幾つかの県の方言という。もっとも『広辞苑』では「飛ぶ」の五番目の意味に「走る」があげられている。また、プログラムでは「徒競走」と記されていた。私はいつもビリだったから「とびっくら」は憂鬱だったのである。その私が一回だけ一等になったことがあった。前の子が全部転んでしまったのだ。

近ごろの運動会は「みんなニコニコ一等賞」の扱いをする場合があるらしい。が、私はビリの経験を少年時代からしておいて良かったと思っている。

（二〇〇三・一〇・一〇）

残る秋

明日は旧暦九月十三日で、明晩は、「後《のち》の月」、「十三夜のお月見」である。この月見は古句に「唐土に富士あらばけふの月も見よ」（素堂）とあるように、日本独特の風習であった。「こほろぎよなれも無事にて後の月」（笠翁）…旧暦九月十三日は太陽暦では十月六日ごろから十一月四日ごろの間を移動し、その季節感は年により異なるが、このころから虫の声は「秋の別れ歌」に変わる。

枕草子の「あはれなるもの」にも「九月つごもり、十月ついたちのほどに、ただあるかなきかに聞きつけたるきりぎりすの声」があげられている。古典の「きりぎりす」は「こおろぎ」である。

俳句歳時記では晩秋、初冬にほそぼそと鳴く虫は「残る虫」。その他に「残るもの」に菊、燕《つばめ》、紅葉《もみじ》などがあり、それらの総称が「残る秋」である。また「残り草」は寒菊の別名である。

一九八六年秋、NHKテレビで「残る虫」を話題にしたら、鎌倉の人から「十月十二日の暖かい日曜日、鎌倉・妙法寺の裏山あたりで数分間、ミンミンゼミが短い命の生まれしあかしに精一杯鳴いた」、安曇野の小林郁子さんから、十一月十四日の暖かい夜の十時過ぎ、「コオロギの音は、かぼそいながら、まだ凛《りん》として…月も美しく虫もあわれで…」という便りを頂いた。続いて大阪府柏原市から「十一月二十六日に庭を掃いていたら一匹のコオロギに出会い、そっと落ち葉の下に入れた」という便りが届いた。

（二〇〇五・一〇・一四）

二　大麻の思い出

小学五年生だった一九三四年（昭和九）に、戸隠村で背丈の二倍も高く真っ直《す》ぐ伸びた麻の畑を初めて見て、塚原卜伝だか宮本武蔵だかが、生長の早い麻を毎日飛び越えて跳躍力を鍛錬したという物語を思い出した。後に、正直で真っ直ぐな心を「麻の心」と言い、麻につられて真っ直ぐ伸びる「麻の中の蓬《よもぎ》」は善人に感化される喩《たと》えになっていることを知った。畳糸、下駄の鼻緒の芯《しん》、麻のロープなど、少年時代には麻をよく見かけた。煙草が不足した戦中戦後は、麻の葉を吸うとうまいと聞いたが、それがマリファナ喫煙だとは知らなかった。

今年の初夏、長野市での講演の後、鬼無里村の歴史民俗資料館を訪れ、この村の大麻栽培四百年の歴史を知った。昔の農事暦によれば四月から五月にかけての麻蒔《あさま》きは集落総出の農作業で、雹《ひょう》害を防ぐ「雹祭り」も行われた。また麻の収穫の関係でお盆の行事も遅らせたらしい。一九四八年（昭和二十三）、占領軍の主導で大麻取締法ができ、麻糸の需要も他の繊維に押され、昭和三十年代には麻畑はほとんど見られなくなったという。

五六年（昭和三十一）に作られた「母さんの歌」に麻が出てくる。「母さんが夜なべして手袋編んでくれた」と歌い出し、二番の歌詞に「母さんが麻糸つむぐ、一日つむぐ、お父《とう》は土間で、わら打ち仕事…」とある。作詞・作曲の窪田聡さんは東京生まれ。少年時代の一九四四〜四五年に信州新町に疎開していたとか。私は鬼無里村の近くの信州新町に回ってみた。


（二〇〇四・一〇・一五）

二　緑の落ち葉

台風一五号が直撃した先月二十一日の翌朝、東京は台風一過の青空が広がったが、マンション九階の廊下にイチョウ並木から吹きちぎられた「緑の落ち葉」が散乱し、テレビは各地の惨《さん》憺《たん》たる被災の様子を放送し続けていた。江戸の句の「旦《あした》おかく昼はきたなき野分かな」（柳居）は、徒然草の「野分のあしたこそをかしけれ」への反論であろう。

「緑の落ち葉」は、本来ならば晩秋に赤や黄に染まって高い青空に美しく映えた後に生涯を閉じるはずなのに、その生の半ばに心ならずも散ってしまったのかと思った。

落ち葉は、雨水に流されて排水口に集積し舗装道路を急流に変えていた。都会の地下には、下水道が網の目のように張り巡らされており、豪雨時に風呂の栓を抜くのは、排水機能の妨げになると改めて思った。

これからは紅（黄）葉前線が北から南へ、山頂から山麓へと移動し、やがて枯れ葉が木枯らしに舞うようになるだろう。

「裏を見せ表を見せて散るもみぢ」。良寛は病床で、「これは自分の句ではないが」といいつも辞世の句のようにつぶやいたという。「散る桜残る桜も散る桜」も良寛の句と聞いた。

以上、野分のあしたの「緑の落ち葉」から連想の一端を記してみた。近頃は同年代の友人や、少し若い著名人の訃報に粛然とすることが、やたらに多い。私もいま人生の落葉期の真っ只中にいる。

（二〇一一・一〇・一五）

菊の節句

今日は陰暦九月九日、重陽節《ちょうようせつ》、「菊の節句」である。中国の易学では奇数は積極・能動的な「陽の気」とされ、特に最上位の陽数九が重なる重九《ちょうきゅう》は長久に通じ、特に重要視されてきたという。なお三月三日は重三、五月五日は重五である。

陰暦九月九日は年により、現行暦の十月二日頃から三十一日頃の間を移動する。陰暦九月の別名、菊咲月の季節感は、現行暦十月にあてはまる。重陽の日に東京の浅草寺で行われてきた「菊供養」も、いまは現行暦十月十八日に行われている。

先日知人から「秋の夜の酒菜」にと「菊膾《なます》」（食用菊の酢の物）をいただいた。山形県の故郷から送られてきた「菊海苔《のり》」から作ったとか。

食用菊の花弁を蒸して板状にまとめ、乾燥したものが「菊海苔」。青森県の八戸の名産と辞書にあるが、『信州学大全』（市川健夫著、二〇〇四年）には長野市若穂町でも精進料理用に生産・出荷していたと記されている。中国には重陽の日に小高い丘に登り、菊酒を楽しむ「登高《とうこう》」の風習があった。私も先日、東京・目白が丘の中層マンションの九階で、忘憂の菊酒を飲みながら新宿の高層ビル群を眺めた。

（二〇一〇・一〇・一六）

二　くれなそうで、くれる

長野市の日の出の時刻は、十月八日は午前五時四十八分だったが、十月二十八日には午前六時六分。また日の入りは十月八日の午後五時二十一分に対し、十月二十八日は午後四時五十五分。十月は一日に約一分の割合で日の出は遅くなり、日の入りは早くなる。

春の「日（昼）の長さ」と秋の「日の短さ」を対比させた諺《ことわざ》がいくつもある。例えば「春の夕飯食って三里」に対し「秋の日は釣瓶《つるべ》落とし」。「春の日と親類の金持ち」…お金持ちで、親類だから、お金をくれると期待しても、春の日と同じで「くれ（暮れ）そうで、くれない」。

これに対して「秋の日と娘（の子）はくれ（暮れ）なそう（くれぬよう）で、くれる」。気立てがよく美人で聡明なお嬢さんに、結婚話が持ち上がらない。「くれないだろう」と敬遠されているのだ。そんな時、真面目な青年が率直に申し込むと、両親は大喜びで縁談はたちまち成立した。だから「縁談は、だめ（駄目）もとで、申し込んでみろ」というのである。

「五月には心無しに雇われるな」に対し「十月は心無き者に頼むな」。昔の労働時間は夜明けから日暮れまでだったから、春から夏にかけては、雇われる者が辛《つら》く、秋から冬にかけては雇う方が不利だった。

労働運動としてのメーデーは一八八六年五月一日、米国での「八時間の労働、八時間の休息、八時間の教育」をスローガンにしたデモ行進が始まりという。その背景にも「五月には心無しに雇われるな」という事情があったのであろう。

（二〇〇五・一〇・二二）

二　詩人・田中冬二

一九八四年（昭和五十九）春、気象庁を定年退職した私は、退職金で同じマンションの空き部屋を書斎として購入し、トランクルームに二十年近く放置した書籍を並べ、中央公論社刊『日本の詩歌』全三十巻中の第二十四巻で田中冬二の詩に出合った。

この本の解説によると、戦後間もないころ、ある出版社のアンケート調査では、最も読みたい現代詩人は田中冬二という回答が圧倒的に多かったという。この本の年表で、銀行員として彼が昭和十四年から十七年にかけて長野市の妻科に住んでいたことを知った。私の生家は五〇〇メートルと離れていない西長野町。彼は最も創作活動の盛んな四十五～八歳、私は十五～八歳だった。田中冬二に「妻科の家」という文章がある。

「家の周辺には小さな牧場、氷室、長野商業のグラウンド、葡萄園《ぶどうえん》、林檎園《りんごえん》、塩の湯という鉱泉宿、戸隠鬼無里への古い街道、吊《つ》り橋、水力電気の発電所等があって、牧歌的情緒がたっぷりで、私にツルゲーネフやビョルンソンの作品を連想させた」

これは、まさしく孤独癖のあった少年時代の私が歩いた道だった。私は路上でこの詩人に会っていたかもしれないと、ほぼ五十年後に知ったのであった。

次に掲げるのは、推敲《すいこう》に半年を要したと彼自身が言っている代表作の一つの四行詩「くずの花」である。

「ぢぢいと　ばばあが／だまつて　湯にはひつてゐる／山の湯のくずの花／山の湯のくずの花」

（二〇〇三・一〇・二四）

川中島決戦の霧

「西条山《さいじょうざん》は霧ふかし。筑摩《ちくま》の河は浪《なみ》あらし。はるかにきこゆる物音は、逆まく水か。つわものか。……」

これは昭和初年まで女児のお手玉遊びで歌われた唱歌「川中島」の一節で、初出は一八九六年（明治二十九）の『新編教育唱歌集（五）』である。

川中島の決戦は永禄四年九月十日（現行暦十月二十八日）に行われた。

気候表によると長野地方気象台の各月の平均霧日数（小数は四捨五入）は、九月は一日、十月は三日、十一月は四日、十二月は二日で晩秋に最も多くなっている。これは秋晴れが多くなる一方、夜が長くなるので、晴夜の放射冷却が強まり、水蒸気が凝結して放射霧ができ、また盆地などを流れる川面からの蒸気霧が加わるからである。松本、飯田でも晩秋に霧が多い。

なお現在全国で使われている気候表は一九七一～二〇〇〇年の統計だが、それによると長野の年間霧日数は十七日である。ところが一九三一～一九六〇年統計の古い気候表では三十二日となっている。

このような近年の霧日数の減少は、全国の気象台・測候所にほぼ共通の傾向で、東京都心では霧日数は以前は年間四十、五十日はあったのに、近年は五日に激減している。そして、今のところ一昨年の六月を最後に霧を観測していない。原因としては燃料がかわり煤煙が少なくなり水蒸気の凝結核が減ったことや、都市の温暖化・乾燥化などが考えられる。気象観測では、霧は見通しが一キロ未満で、一キロ以上は靄《もや》である。

（二〇〇二・一〇・二五）

「晴れ」を汲み出す

十月三日の本欄で、キノコにあたらないおまじないに「測候所、測候所」と唱えた話を書いたら、上高井郡高山村の園山達雄さんが、昔、評論家の細川隆元さんが、同様のおまじないとして「経済見通し、経済見通し」を挙げていたと知らせて下さった。願わくはマニフェストがおまじないになりませんように。

ところで今回は外国の天気予報ジョークについて。「拝啓、予報官殿、昨夜は一晩中、小生は地下室から貴官の『晴れ』を汲《く》み出していました」――これは予報されなかった大雷雨で地下室が浸水被害にあったミラノ市民の気象台への手紙である。

一九七五年（昭和五十）にスウェーデン芸術アカデミーは「詩と空想小説分野での優れた業績」の特別賞をストックホルム気象台に贈った。その理由は「予報官の発表文は現実離れした詩的ファンタジーにあふれていた」からという。

四十年ほど前に日ソ気象技術者交換でモスクワ気象局にいた私は、退庁間際に雨が降り始めたので、玄関で何人が雨具を持っているかを見てみた。当時、ソ連の予報官の八割は女性だったが、ほとんど皆、濡《ぬ》れて帰った。もっとも大陸の夏の雨は濡れてもすぐ乾く。中に一人、書き損じの天気図用紙を大きく頭に広げて悠々と帰る美人の予報官がいた。その背中は「悪いのは私ではなく天気図の方よ」と語っているようだった。そのころ日本にも「予報官天気図にない雨に濡れ」という川柳があった。

（二〇〇三・一〇・三〇）

命なりけり

〈深まる紅葉に思う〉

文化の日の晴天

十一月三日は晴天の特異日として知られている。私の少年時代は、この日は明治天皇の偉業をたたえる「明治節」だった。また明治時代には、この日は今上《きんじょう》天皇（当代の天皇）の誕生を祝う「天長節」だった。「文化の日」となったのは一九四八年（昭和二十三）。

この日が晴天になりやすいことは、私は旧制中学一年生の時、軍事教練の陸軍少佐から聞いた。

多くの地点の天気の統計でもこの日の晴天率が高いことが確かめられている。「信州の気候百年誌」（長野地方気象台）によると松本の晴天率は十一月二日六三％、三日六八％、四日五八％で、三日が前後に比べて高くなっている。この傾向は長野にもみられ、また別の統計で飯田は二日六四％、三日七二％、四日四四％となっている。

一九〇〇年（明治三十三）の十一月三日の読売新聞には「年々に天長節の日和かな」（内藤鳴雪）の句がのっている。また明治四十三～四年に発表された森鷗外の「青年」には「諺《ことわざ》に言ふ天長節日和の冬の日がぱっと差して来たので…」という一節があり、この日の晴天は明治の末には天気俚諺《りげん》になっていたことが分かる。

ところが志賀直哉の一九一八年（大正七）の作品「十一月三日午後の事」には、軍隊の野外訓練の様子が描写されている。祭日に訓練とは変だなと思って調べてみたら、「明治節」が制定されたのは一九二八年（昭和三）で、大正時代は十一月三日は特別の日ではなかったのである。気候学上の特異日も、その日が特別の日でないと、あまり意識されないようである。

（二〇〇二・一一・一）

一　かくしつつこそ

「小さな山の町で氷漬けの鰯《いわし》を売ってゐた／塩が鰯を重くしてゐた／黄菊の花を売つてゐた食用の黄菊の花を／冬の日ははやく暮れた　鍋墨《なべすみ》のやうにさびしく暗く」（田中冬二「冬日暮景」）……この詩の載っている詩集『橡《とち》の黄葉』は一九四三年刊で、田中冬二が長野市や諏訪市で銀行に勤めていた年代の詩だから「小さな山の町」は長野県であろう。しかし、そのころ少年だった私は長野市の生家で菊の花を食べた記憶がない。一方、冷蔵庫が普及していなかったので氷漬けの魚はよく覚えている。

私が菊の酢の物を食べたのは東京に来てからである。またＮＨＫテレビの取材で青森・山形県の阿房宮《あぼうきゅう》という名の黄色の食用菊や、色はよくないが味の良い「おもいのほか」「もってのほか」、新潟県の「かきのもと」などを食べた。菊を食べる習慣は中国では紀元前にすでにあったらしいが、日本では万葉集に詠まれていない。しかし芭蕉や其角に菊膾《なます》の句があり、北原白秋は「菊の花酢にひたしつつうらさぶし　かくしつつこそ秋も過ぎなむ」と詠んでいる。

この「かくしつつこそ」で思い出すのは「白菊のうつろひ行くぞ哀《あわれ》なる　かくしつつこそ人もかれしか」（良暹《ぜん》・後拾遺集）。

秋から冬に向かって人は、「かくしつつ」（このようにしながら）季節も人生も移ろっていくのか、と思うことが多いのではなかろうか。明日八日は二十四気の立冬である。

（二〇〇三・一一・七）

カエデとイチョウとモミジ

気象庁の生物季節観測では、標本に選んだ木の葉の大部分が紅（黄）色に変わり、緑色系統の色がほとんど見えなくなった日を紅（黄）葉日、葉の約八割が散った日を落葉日と記録する。いくつかの地点でカエデの紅葉日と落葉日の平年値は、次の通りである。カッコ内は落葉日。松本十月二十九日（十一月九日）、長野十一月四日（同二十四日）、飯田十一月五日（同二十二日）、盛岡十一月三日（同十四日）、東京十一月二十八日（十二月九日）、静岡十二月七日（同二十六日）、京都十二月一日（同十六日）、鹿児島十二月七日（同二十三日）。平地のカエデは秋の後姿を赤く飾るようである。

少年時代にはカエデをモミジと呼んでいた。が、「もみじ」は本来、木の種類に関係なく紅（黄）葉すること、またはその葉を指す。そのモミジがカエデの別名になったのは、カエデが紅葉の代表になったからであろう。なおカエデの語源は葉の形の「カエル（蛙）手」である。

イチョウの黄葉はカエデの紅葉に劣らず美しい。イチョウの黄葉日と落葉日の平年値は、松本十一月四日（十一月十四日）、長野十一月七日（同十八日）、飯田十一月五日（同十七日）、盛岡十月二十五日（同九日）、東京十一月十九日（同二十六日）、静岡十一月二十日（十二月八日）、鹿児島十一月二十三日（十二月六日）。俳句歳時記では銀杏黄葉と書いて「いちょうもみじ」と読む。

（二〇〇二・一一・八）

温泉地の虫たち

温泉の多い信州でも、似た現象があるかもしれないと思い、古い話だが北海道での経験を書く。一九三九年（昭和十四）の北海タイムス一月七日の紙面に、北海道の阿寒国立公園の小さい岩山で真冬にコオロギが鳴いていると報じられたことを知った。そこは川湯温泉の近くで、岩の間に熱気がこもっており、緑の冬草も見られたという。

一九九六年の晩夏、私は網走での講演の後で、霧のない「霧の摩周湖」を見て歓声を上げ、屈斜路《くっしゃろ》湖畔の和琴《わこと》半島に行き、盛んに鳴いているミンミンゼミの声を聞いて、またも歓声を上げた。一九七七～七九年、札幌気象台に勤務していたころ、ミンミンゼミの声を耳にしたことはなかった。北海道では道南の一部を除いて、この蟬《せみ》は分布していない。ただし定山渓《じょうざんけい》温泉と和琴温泉にはいると本で読んだ。気候温暖化時代に北海道のほぼ全域で鳴いていたミンミンゼミは、その後の寒冷化で、地温の高い温泉地に取り残されて、その子孫が脈々と生きてきたのである。

北海道勤務中に訪れた摩周湖は霧に隠れてみえず、「たいていの人は失望して帰ります」と観光バスのガイドさんが申し訳なさそうに言った。また天然記念物の「和琴ミンミン」も聞こえず、説明もなかった。二十年後にその両方を見聞きしたので感激も大きかった。

「きりぎりす忘れ音《ね》に啼《な》く火燵《こたつ》かな」(芭蕉)。この「きりぎりす」はコオロギ、忘れ音は「季節を過ぎて虫などの鳴く音」(『広辞苑』)である。

(二〇〇五・一一・一二)

二　命なりけり

十月三十一日に下伊那郡上村の「上村総合文化祭・かみむら健康まつり」で、私の八十年の人生で感じたことのいくつかを語った。中央構造線に沿う深いV字状の谷底と高い尾根と、その間の急峻《きゅうしゅん》な傾斜地に散在する総人口約七三〇人の集落から、高齢者を主として多数の村民が小中学校の体育館に集まって熱心に聞いて下さった。

標高約一〇〇〇メートルの急斜面の民宿からは、南アルプスの三〇〇〇メートル級の聖岳が目の前に見え、シシ鍋やコンニャク料理、二度芋《にどいも》や田楽などが美味《おい》しかった。毎年十二月に行われる湯立ての神事、霜月祭りは有名で、一度は行ってみたいと思っていた秘境だった。山腹を彩る紅葉・黄葉を見ながら私は「命なりけり」という言葉を思い出していた。

この言葉については辞書に「命があったればこそできた」、「寿命が長《なが》らえたことに対する詠嘆の言葉」とあり、「年たけて又《また》こゆべしと思ひきや命なりけり小夜《さや》の中山」が載っている。西行が六十九歳の文治二年（一一八六）、奥州への最後の旅で詠んだ歌である。小夜の中山は静岡県掛川と金谷の間の急坂で、箱根に次ぐ東海道の難所とされてきた。

帰りに茅野駅の書店で、上村に隣接する南信濃村出身の草田照子さんの著書『うたの信濃』（信濃毎日新聞社、一九九七年）を買った。そこに放浪の歌人・山崎方代の「摘みとりし蕗《ふき》の花芽を手にさげて安曇野を行く命なりけり」が記されていた。

（二〇〇四・一一・一二）

初時雨

〈冬支度の頃〉

信濃しぐれ

旧暦では今日は十月十七日。そして旧暦十月の別名は小春と時雨月である。この二つの言葉は、一九三五年（昭和十）ごろ長野市で習った小学唱歌「冬景色」で知った。

この歌の二番は「烏《からす》啼《な》きて木に高く、人は畑に麦を踏む。げに小春日ののどけしや。かえり咲《ざき》の花も見ゆ」で、三番の「嵐吹きて雲は落ち、時雨降りて日は暮れぬ。若《も》し燈火《ともしび》の漏れ来《こ》ずば、それと分《わ》かじ、野辺の里」に続く。少年の私は、この歌の小春の風景には共感したが、時雨は単なる「初冬の通り雨」としか感じとれなかった。

後年、ＮＨＫテレビの「倉嶋厚の季節の旅人」として、初冬の日本海側の各地や京都盆地、琵琶湖周辺などで、昔から詩歌に詠まれてきた時雨を実感した。

冬の北西季節風は、日本海から水蒸気をもらうと共に、下から暖められて対流を起こし、無数の団塊状の雲を作る。その雲が風に流されて日本海側の地方や日本海に近い内陸盆地を次々に通る。すると空が翳《かげ》って冷たい雨が降ったかと思うと、晴れて野山の紅葉や庭の菊の花が美しく日に映えるのを一日何回も繰り返し、時には時雨虹も懸《か》かる。

そのような時雨の天気を長野市で経験した記憶がなかったが、数年前の十一月、飯山市で行われたＮＨＫラジオ深夜便の集いへ講演に行き、典型的な「信濃しぐれ」を経験した。

伊那谷の南部では、若狭湾から伊勢湾に吹き抜ける北西季節風系の時雨雲の一部が通る所があるという。「信濃しぐれ」の名所は、他《ほか》にもあるのではないかと思う。

（二〇〇五・一一・一八）

二　初時雨

東海道山陽新幹線の車内誌「ひととき」十一月号に、小澤實さんが「けふばかり人も年よれ初時雨」（芭蕉）について書いておられる。小澤實さんは一九五六年（昭和三十一）に長野市に生まれて信州大学などに学び、現在、俳誌「澤」主宰として精力的に活動している方と聞いている。

前掲の句は元禄五年十月三日（一六九二年十一月十日）、十二歳若い弟子の森川許六《きょりく》の屋敷で歌仙《かせん》が巻かれた時の発句《ほっく》で、「若い人もせめて初時雨の日ぐらいは老いたつもりで人生の無常を感じてほしい」と詠んだものという。許六邸は今の国会議事堂の近くにあったらしい。

私はNHKテレビの取材で京都の北山や琵琶湖周辺などで、一日に何回も照り降りを繰り返し、紅葉や菊の花が日に映えたり翳《かげ》ったりする風景を見ているが、五十余年に及ぶ東京暮らしで、「これぞ時雨！」という空模様に出合ったことがない。江戸時代の随筆「傍廂《かたびさし》」にも、冬の時雨は「江戸にては見る事なし」と記されている。

芭蕉は伊賀の上野出身で、許六は近江彦根藩士。ともに時雨雲の通り道で暮らした経験があるから、江戸の青空の下でも、時雨という言葉で通じ合うものがあったにちがいない。

時雨の名所は冬の日本海側気候と太平洋側気候の境界に当る地方に多い。長野市もそのような気候境界の南縁にあたる。しかし少年時代を長野市で過ごした私には、初時雨に人の世の無常を感じた記憶はさらさらない。「年よれ」といわれても無理な年頃だったのであろう。

（二〇〇六・一一・一八）

大根の年取

「大根引《だいこひき》　大根で道を教へけり」（一茶）
「ひん抜いた大根で道を教へられ」（『柳多留《やなぎだる》』）
前者は一茶が十二年間の江戸生活を終えて信州・柏原に帰郷した後の文化十一年（一八一四）の作。また川柳句集『柳多留』の初編の成立は明和二年（一七六五）である。昔から大根や蕪《かぶ》は冬野菜の代表で「大根引」「蕪引《かぶらひき》」は初冬の季語になっていた。
明後日十一月二十一日は旧暦十月十日で十日夜《とおかんや》のお月見である。西角井正慶編『年中行事辞典』（東京堂出版、一九五八年）によれば、長野県安曇地方では十日夜を「大根の年取《としとり》」と呼んできたという。また大根はこの一晩で唸《うな》り声をたてて一気に大きくなると言い伝えられている地方もあったらしい。古句にも「大根に実の入る旅の寒さかな」（園女）とある。
旧暦八月十五日の中秋の名月は芋名月、旧暦九月十三日の十三夜は豆名月、栗名月として広く知られているが、旧暦十月十日は秋祭りの日とするのは東日本の風習で、トオカンヤの名称は山梨・長野・埼玉・群馬県などで用いられてきたものとか。前掲『年中行事辞典』には、北安曇郡では十日夜を「稲の月見」と呼び、八月十五夜、九月十三夜と並べて三月見《さんつきみ》と総称したと記されている。
話を転じるが俳句誌『馬酔木』で「分蘖《ぶんけつ》の声のひしめく熱帯夜」（吉本昴）という句を読んだ。夏の夜、稲の太る音を心の耳で聞いているのだ。十日夜の大根の唸り声に似ている。

（二〇〇四・一一・一九）

二 小春明月

十月下旬の寒さの急襲で、「今年は秋が無かった」という声を方々で耳にした。そのとき、居酒屋の壁に掛かっていた「春夏冬二升五合」と記した短冊を思い出した。「春夏冬」を「商い（秋無い）」と読ませ、「ますます（二升＝升々）繁盛（五合＝半升）」としゃれたのである。

東京では十一月に入って爽やかな秋晴れが現れたが、十一月七日が立冬で、既に「暦の冬」が始まっていた。そして二十日は陰暦十月十五日である。

陰暦十月は神々が出雲に集合するので、出雲では神有月《かみありづき》、他の地方では神無月と呼ばれてきた。神無月には「カミナシ（新酒醸造）月」「カリネ（刈稲）月」「雷無（かみなりなし）月」の語源説もある。

が、日本海側の地方では、海を渡ってくる北西季節風により、「雪起し」「鰤《ぶり》起し」「鰰《はたはた》雷」などと呼ばれる冬の雷が多くなり、「雷無月」説は当たらない。特に本年は夏の猛暑の名残で海水温が高いので、上空に寒気が流入すると、大気の不安定度が増し、特に雷や突風への警戒が必要になる。

陰暦十月の別名には他に時雨月、小春がある。二十日夜は十五夜お月様、二十二日は満月。晴れれば、冬木立に「小春明月」がかかる。「小春名月」と書きたいのだが、名月は中秋と十三夜に限り、他の季節は明月と書くのが通例と聞いた。

（二〇一〇・一一・二〇）

二 雪虫、雪迎え

日本各地でユキムシと呼ばれている虫は、雪の降り出す前に空中を飛ぶワタアブラムシ類と、積雪面や雪渓の上に現れる多種の虫の二つに大別される。前者は綿虫、大綿《おおわた》、雪螢《ゆきぼたる》、雪《ゆき》婆《ばんば》、白婆《しろばんば》として俳句歳時記で初冬の季語になっている。後者は『信濃俳句歳時記』では、春先の堅雪《かたゆき》の上によく現れるので春の季語として採用されている。夏の雪渓虫も後者に属する。

北海道の雪虫は前者で、アイヌ語でも雪虫（ウパシキキリ）である。この虫が晩秋・初冬に飛ぶのは、それまで寄生していたトドマツからヤチダモやライラックなどに移動するためで、体に白い綿のような分泌物をつけているので、やがて降る雪を思わせる。

虫が雪の季節を知らせる現象に山形県方面で見られる「雪迎え」がある。これは小春日和などに蜘蛛《くも》が腹部後方から糸を出して微風に乗り空中を移動する現象である。糸だけが飛んでいる場合を、中国では昔、遊糸《ゆうし》と呼んでいた。ただし日本の俳句歳時記では、遊糸や糸遊《いとゆう》は春の陽炎《かげろう》を指すことが多い。「雪迎え」は蜘蛛の越冬地探しだという。

雪虫も「雪迎え」も生存を小春日和の微風にゆだねているのがあわれである。

演歌にはキム・ヨンジャさんの「北の雪虫」、多岐川舞子さんの「雪ほたる」があるが、歌詞ではこの虫の呼び名から連想する「はかなさ」が詠まれているだけのようである。


（二〇〇三・一一・二二）

二 菜洗い、枯野見

七十年以上も前に少年時代を過ごした長野市の十一月の季節感を思い出すために、書棚からいくつかの資料を取り出してみた。

長野地方気象台の気候表には東方連山の初冠雪の平均日は十月二十二日とある。遠山の頂きが雪で輝いている小春日に、主婦たちが冷水で手を赤くして漬け菜を洗っていたのは何月だったろうか。九月に種をまいた野沢菜が成長し二、三回霜にあった頃が漬け時というから、たぶん十一月だった。

「思はざる喪中のはがき菜を洗ふ」（塩沢紫翠・『信濃歳時記』より）

「おや、あの人も…」と驚くのも十一月が多い。

小林一茶が六十五歳で亡くなったのは文政十年（一八二七）十一月十九日。これは陰暦だが、現在は太陽暦の十一月十九日を一茶忌としていると聞いた。

「一茶忌へ山挙げて枯れ急ぎけり」（川口唯夫・『信濃歳時記』より）

長野地方気象台の生物季節観測の統計ではイチョウの黄葉の平均日は十一月七日で落葉は十八日、イロハカエデは紅葉十一月四日、落葉二十四日。温暖化の影響で平地の紅・黄葉の季節は長引いているが、十一月は「山眠る」季節の始まりである。

江戸から明治の風流人は枯野見を楽しんだという。しかし一茶が没した文政十年に刊行された『江戸名所花暦』や明治三十五年の『東京風俗誌』に記されている枯野見の名所は今、高いビルが密集し大地が見えない。

「遠山に日の当りたる枯野かな」（高浜虚子）

（二〇〇九・一一・二一）

勤労感謝の日

あす二十三日の「勤労感謝の日」は、戦前は新嘗祭《にいなめさい》で、農業国日本の最も重要な祭りの一つであった。これは天皇が新穀を天地の神にすすめて感謝し、ご自身も食べる祭りで、その歴史は古代にさかのぼる。

新嘗祭の翌日に朝廷で行われた宴会が豊明節会《とよのあかりのせちえ》。豊明は「酒に酔って顔の赤らむこと」（『広辞苑』）である。

「天つ風雲の通ひ路吹き閉じよ少女《おとめ》の姿しばしとどめん」（遍昭、『古今集』）は、この宴会での舞姫の姿を詠んだものである。そしていまも、皇居内の御殿の一つに豊明殿《ほうめいでん》があり、宴会場として用いられている。

長野県でも十月から十一月にかけて各地で収穫祭が行われてきた。脱穀技術が未発達のころは、稲を刈ってニオに積み終わると秋の農作業は一段落したとして、収穫祝いをしたようである。これをカマアゲと呼んだのは稲刈りの鎌に感謝したものであろう。ニオとは刈稲を円錐形に高く積みあげたものをいう。脱穀はこの後で行われ手間がかかったので、昔の農家にとっては新正月よりも旧正月の方が都合がよかったらしい。

「えびす講」のエビス様は町では商いの神、漁村では漁の神、農村では田の神であった。旧暦十月十日の「十日夜《とおかんや》」または旧暦十月十五日に、田から案山子《かかし》を引き上げて収穫を感謝する「案山子あげ」の祭りもあった。収穫感謝のころは木枯らしが吹き始めるころでもあり、「えびす講荒れ」、「案山子荒れ」の天気を言い伝える地方がある。

（二〇〇二・一一・二二）

信濃風、琉球風

『病気日本史』（中嶋陽一郎著、雄山閣出版）、『海難史話』（渡辺加藤一著、海文堂）、『健康と気象』（佐々木隆著、朝倉書店）で、インフルエンザについて調べてみた。

風邪、流行《はやり》風という呼び名ができたのは江戸時代で、その前は一般に咳病《しわぶきやみ》（または「がいびょう」）と呼ばれていた。流行性感冒の呼称は一八九〇年（明治二十三）から。江戸時代の流行は、たいてい世界的大流行の年と一致するという。

当時の医師たちも西日本で流行して東に広がる傾向に注目している。外国との接触が西日本に多かったからだろう。年により薩摩風、琉球風、アメリカ風などと呼ばれ、一七八一年（天明元）のインフルエンザは、どういうわけか「信濃風」と名づけられた。江戸時代末期の西洋医学書には印弗魯英撒《インフルエンザ》の訳語も見える。

第一次大戦中、インド洋方面で活躍した軍艦「矢矧《やはぎ》」が一九一八年（大正七）十二月、凱旋《がいせん》航海中に「スペイン風邪」が艦内に蔓延《まんえん》し、下甲板では多数の患者が熱気と悪臭の中でうめき声をあげ、艦長も当直につき航海長は羅針盤の傍らで外套《がいとう》をかぶって横になる始末。ようやくマニラに入港し一〇〇余人が病院に収容され、海軍大佐の副長をふくむ四十八人が客死した。

風邪やインフルエンザのウイルスは湿度が低いほど長時間、感染力を維持する。また平年より暖かい日が続いた後、急に雨天が多くなり、気温、日照率が下がると流行しやすい。帰宅直後のうがいと手洗いが特に大切な季節になった。（二〇〇五・一一・二五）

一　リンゴ、ミカン、カキ

リンゴの栽培圏が北国、ミカンの栽培圏が南国で、人の性格も、忍耐強いリンゴ型と、優しくのんびりしたミカン型に分かれるという説を聞いたことがある。とすれば、信州は北国でリンゴ型の人が多いことになる。リンゴの栽培には冷涼な気候が適しているようである。

ただし私はNHKテレビの番組を担当していた十数年前に、南国リンゴ園の存在を知った。暖地ではリンゴの木が伸び過ぎ、また虫害を受けやすいため栽培されてこなかったのが、その頃《ころ》になると、矮性《わいせい》の台木に切り継ぎしたり、昆虫を寄せつけない特別な工夫をしたりして、沖縄を除く全国に観光リンゴ園が作られていたのであった。

カキは日本古来の果物で、青森県の諺《ことわざ》に「柿の木百本持てば百石取りと同じ」とあり、鹿児島県では「柿と三月飯米《みつきはんまい》」といわれてきた。干し柿で有名な伊那谷の市田柿も、飢饉《ききん》の時は焼いて食糧にしたことから、市田の焼柿《やきがき》の名が残っている。もっとも近頃は山家のカキは放置され、クマに味を覚えられてしまったようである。

『ことわざ大辞典』（小学館）にはカキやミカンの諺は載っているが、リンゴはない。西洋リンゴの栽培の歴史は新しいからであろう。「蜜柑《みかん》の透かし切りは他人にまかせよ」という諺が載っていた。「透かし切り」は樹木を大きく育てるための間伐だが、自分のことは未練が残って切れないことを言ったものである。実は本欄の原稿も、毎度、文章の「透かし切り」に苦労している。

（二〇〇四・一一・二六）

二　空の色について

空が青いのは、空気分子によって太陽の白色光線中の波長が短い青系統の光が余計に散乱して人の目に入るからである。

大気中に空気分子より大きい塵《ちり》やエーロゾル（微粒子）が増えると、波長の長い赤系統の光も散乱するので白色が強まり、青空が白っぽく感じる。春の空がそれである。秋は大気が乾いており、地面から舞い上がる塵も少ないので青空が濃い。そして冬は「雪吐けば空真青《まっさお》になりにけり」（長野市・関川喜八郎）である。

近くの山肌は枯葉色に見えるのに遠山が青いのは、山と人との間の空気層が厚くなるにつれて空気の青さが濃くなるからである。

波長の短い光ほど散乱しやすいのなら、紫色の空になるはずである。事実、旧ソ連の気球観測では空の色は一〇キロで暗碧色、一三キロで濃紫色、二〇一キロで黒紫色であった。さらに上にゆくと光の散乱の無い宇宙空間に近づき、昼でも真っ暗になる。このように太陽光は大気の上層で紫の光を失い、その下の大気中で紫の次に波長の短い青い光が散乱するので、空が青いのである。もし大気層がもっと厚ければ、波長の短い順から次々に光が散乱で失われるので、全体として暗くなりながら、空の色は緑色や黄色に変わり、さらにその下では赤い空になるだろう。

同じ理屈で、大気層を斜めに差し込む朝日・夕日の光の通過空気量は、地平付近で大きく上空で小さいため、地平の空を下から赤、黄、浅黄、緑、青、紫の順に染めているのである。

（二〇〇三・一一・二八）

二 霜、霜柱、霜折れ

霜は大気中の水蒸気が氷の結晶となって地面のいろいろな物に付いたもので、霜柱は地中の水が土の間の狭い隙間を通って地面に上ってきて氷の結晶になったものである。後者は上ってくる水が次々に凍るので、練り歯磨きがチューブの口から出るような形で上に伸びていく。つまり霜柱の成長点は柱の上でなくて根元にある。

極寒の地方では霜柱が地中で成長し、その分、地面が盛り上がり、建造物を傾けたり道路に亀裂《きれつ》を走らせたりする。これを凍上《とうじょう》といい、建設工事にはその対策がなされる。

霜は夜間の冷え込みが強いほど、よく現れる。そして冷え込みは、晴れて風の弱い夜ほど強いから、「天気の持続性」を前提にすれば、大霜は、その日の晴天の前兆となり、それを言い表す諺《ことわざ》が全国各地にある。ところが、長野県では大霜が降りた後に天気が急に変わり雨が雪になることを「霜折れ」「霜よわり」と呼び、鹿児島では同じ現象を「霜あがり」と呼んでいる。これは、大霜が二、三日続いた後は決まったように雨が降ることを言ったもので、「天気の持続性の限界」に注目した諺《ことわざ》といえる。

一方、『信濃歳時記』（長野県俳人協会編）では、「霜折れ」は、八ヶ岳・黒姫・戸隠山麓などで大霜の朝、太陽が上るにつれ地温が上がり急激に霜が解け、火山灰地に煙のように靄《もや》が立ち込める現象を指し、「霜折れに鶏鳴遠し八ヶ岳」（玉木春夫）などの例句が載っている。

（二〇〇二・一一・二九）

茶畑の思い出

十一月中旬に静岡県の牧ノ原台地を車で通った。小春の光を浴びて緑の茶畑が一面に広がり、白い茶の花が点々と咲いていた。

約六十年前の初夏、私は気象予報担当の技術士官として、この台地上の海軍航空隊に勤務していた。観測所で働いていた地元の青年が、茶畑の農家に「今夜は晩霜に用心しろ」と電話で教えて、「軍事機密の気象情報を洩《も》らした」と殴られた。住民を巻き込んだ熾烈《しれつ》な戦場の沖縄に台風が近づいている天気図を届けると、金モールの参謀が「神風だなぁ」とつぶやいた。

牧ノ原からSL列車とトロッコ電車で大井川の渓谷を遡《さかのぼ》った。斜面の紅葉の下を縁取る川根《かわね》茶《ちゃ》の緑が目にしみた。

その半月前、私は南アルプスのほぼ反対側の長野県の遠山郷に行き、上村の標高一〇六〇メートルの急斜面に、日本で海抜高度が最も高いといわれている茶畑を見た。朝の民宿は深い霧に包まれた。谷間から見上げると茶を厳寒から守っているのは雲であった。北信・秋山郷の標高七〇〇メートルの集落にも自家用の茶を栽培している農家があると聞いた。雪の保温効果が茶の凍死を防いでいるのであろう。

茶の経済的な栽培の北限は新潟県と茨城県を結ぶ線だという。NHKテレビの取材で新潟県村上市の北限の茶畑を見た。私は喉頭《こうとう》がんの治療中で、今は亡き妻が取材に同行した。花は葉に隠れるように下向きにひっそりと咲いていた。帰宅して調べてみたら花言葉は「追憶」であった。

（二〇〇四・一二・三）

たそがれ、かはたれ

秋から冬にかけて夕方の散歩道が日に日に暗くなる。薄暗い道を近づいてくる人が、いつも挨拶《あいさつ》を交わす婦人かどうか見極めてから「こんにちは」と呼びかけると「こんばんは」という声が返ってきた。

その「こんにちは」と「こんばんは」の境目の「たそがれ（誰《た》そ彼）」が一年中で最も早く始まるのは十二月上旬で、夕方に限って言えば「短日《たんじつ》の極」は今ごろである。例をあげると長野市の日没時刻は、今日は午後四時三十一分だが、二十二日の冬至は四時三十五分で、四分ほど日（昼間）が伸びる。ただし日の出が今日より十二分ほど遅れるので、差し引きすると冬至が真の「短日の極」になるのである。これは、地球の公転軌道が長円形のため一日の長さに僅《わず》かな長短があるのを平均して一律に二十四時間で日を刻んだ人為的な結果である。

「たそがれ」に対して夜明けは「かはたれ（彼《か》は誰《たれ》）」。両者の違いは、ますます暗くなる夕方は遠くの人を早く見分けようと「誰だ？　彼は！」と語気を強め、明るくなる一方の朝は「あの方はどなたかしら」とゆっくり構えていられるからだと、江戸時代の随筆に言う。

古歌に詠まれている「夕とどろき（轟き）」は、「夕方、どこからともなく聞こえてくる物音」「恋心などで夕暮れに胸が騒ぐこと」を言う。長野盆地の寒々とした十二月の「たそがれどき」に感じた少年時代の「夕とどろき」を、今はほとんど覚えていない。

（二〇〇三・一二・五）

二　山頂光、染山霞

山国の信州では、平野は暗いが高い山の頂だけが朝日や夕日を浴びて、茜《あかね》色に染まっている風景を方々で見かける。これは斜めに差し込む太陽光線が平野に届かず高い山の頂だけを照らしている場合に見られる。この現象を英語ではアルパイン（またはアルペン）グローという。

アルパインには「高山の」、グローには「燃え立つような色彩」の意味がある。日本の『気象の事典』（東京堂出版）では山頂光、中国の気象学辞典では高山輝、または染山霞として載っている。中国語の霞は朝焼け（朝霞）や夕焼け（晩霞）を指す。また特に朝の山頂光はドイツ語でモルゲン・ロートと呼ばれている。モルゲンは朝、ロートは赤である。

山頂光は朝は平野（盆地）の西の山脈に、夕方は東の山脈に現れる。太陽のある方の側に雲があり、光がその隙間を通ってスポットライトのように反対側の暗い山脈の雪の弧峰だけを照らす時に一層美しく見える。

東京のように超高層ビルが林立している街でも、夜明けにはビルの東、夕暮れには西の高い壁面だけが美しく輝く一瞬がある。

「雪の化粧のアルプス山へ／のぼる初日が紅をさす」、「槍が高嶺は信濃の朝日／飛彈の夕日でうらおもて」などの安曇節は山頂光を詠んだものであろう。

以前に信州の「夕焼けの名所」百か所を選ぶ作業に参加したことがあるが、朝や夕方の山頂光の名所を選ぶのもよいと思われる。すでに行われているのかもしれないが……。

（二〇〇二・一二・六）

一　気象報道管制

長野地方気象台は一八八九年（明治二十二）、県営の長野測候所として発足した。当時、中央気象台（現・気象庁）は内務省所属で一八九五年に文部省に移管された。長野測候所は一九三九年十一月に県営から国営となり文部省所属となった。その背景には、「全国気象機関の戦時体制に関する陸海軍協定案」や「中央気象台長は軍事上必要な事項については陸海軍大臣の区処《くしょ》を受くるものとす」などの審議があった。

太平洋戦争開始の一九四一年十二月八日、陸海軍大臣は気象報道管制を命令、農作物の晩霜害を心配する農民に測候所が気温を知らせても、軍事機密を漏らしたと叱《しか》られるようになった。

気象予報の一般への発表が再開されたのは東京では一九四五年八月二十二日（長野は二十八日）。その夜、小型台風が東京を襲い、焼け跡のバラックは吹き飛び、仮住まいの防空壕《ぼうくうごう》は水浸しになったが、中央気象台が台風と気づいたのは夜になってからだった。当時の予報部長は後の初代気象庁長官・学士院長・文化勲章受賞者の和達清夫、予報課長は後の第五代気象庁長官・高橋浩一郎。時の中央気象台長・藤原咲平博士（諏訪出身）は「データがないから予報できないと言う前に、外に出て空を見上げろ」と叫んだと伝えられている。
中央気象台は戦時中に大本営直轄という陸軍案を避けて運輸通信省、運輸省へと所属を変え、一九五六年、運輸省の外局として気象庁に、翌年、長野測候所は地方気象台に昇格し、現在は国土交通省に属している。

（二〇〇五・一二・九）

風越の峰

〈冬の到来〉

かまいたち

俳句歳時記には「かまいたち（鎌鼬）」が冬の季語として掲載され、おおむね次のように説明されている。

一、皮膚が不意に鋭利な鎌で切られたように割れる。

二、言い伝えは全国各地に古くからあるが、特に新潟・長野などの雪国に多い。

三、皮膚に接する空気のごく一部が、何らかの原因で真空状態になって起こるらしい。

名前の起こりはイタチに似た妖獣《ようじゅう》のしわざと考えられてきたからで「かまかぜ（鎌風）」とも呼ばれる。荒唐無稽事《こうとうむけいごと》だが俳句的にはおもしろみがあって捨てがたい、などと記している歳時記もある。しかし私はこの現象の存在を確信している。

旧制長野中学の三年生だった一九三八年（昭和十三）、サッカーの練習試合中、顔面をかすめてボールが上方に飛んだとき、眉毛《まゆげ》の部分がパクッと二センチほど割れたのである。試合が中断されて集まってきた学友たちが「すげえ傷だ」「骨まで見える」などと言い合っていたが、痛みをほとんど感じず、血もあまり出なかったと記憶している。

そして七、八針ほど縫った傷跡は八十歳になった今も残っている。ボールの回転が顔面に局所的な真空状態を作り出したのであろう。

飛彈地方の言い伝えでは「かまいたち」は三人連れの悪神で、初めが人を倒し、次が刃物で切り、後が薬をつけるので出血が少ないのだという。

歳時記の俳句には「傾きし橇《そり》の高荷や鎌いたち」（星野麦南）とある。

（二〇〇四・一二・一〇）

二　冬将軍、妻帯風

ＮＨＫテレビのお天気キャスターが、時折、シベリア寒気団の吹き出し口あたりに武士の顔の絵を置き、「冬将軍」が近づいています、などという。冬将軍は「モスクワに突入したナポレオンが、厳寒と積雪とに悩まされて敗北した史実に因む冬の異名。冬のきびしさを擬人化した表現」（『広辞苑』）である。

私はこの言葉を、一九四三年（昭和十八）、物理学者・中谷宇吉郎博士が、前年の冬、ドイツのヒトラーが行った「われわれに防衛を余儀なくさせたのは、敵軍ではなく酷寒である…」という講演を引用し、「冬将軍という言葉はいつごろ始まったかは知らないが…」と書いた文章で知った。

その後、旧ソ連の文献を多数読んだが、この言葉には一回も出合わなかった。来日したソ連科学アカデミーの副総裁も「冬将軍は侵略者が敗因をごまかすための言葉である」と言っていたという。ただしロシアでは厳寒（マロース）という言葉を、いわば「寒助《かんすけ》」などという擬人化した語感で使い、寒さに敬愛の気持を抱いてきたと民俗学の本で読んだ。なおナポレオン敗退時の厳寒を英国の新聞はジェネラル・フローストと報じた。

天気の擬人化は日本にもあり、童歌《わらべうた》に「風の（又）三郎」がでてくるし「風さん、風さん、吹いとくれ、晩にゃ嫁をとってやる」という歌詞もある。そういえばロシアには夜に吹き止む風を「妻帯風《さいたいふう》」と呼ぶ地方があり、日本の諺《ことわざ》では「風とお客は夜とまる」という。冬の風は、夜は冷えて重くなり、地面付近に滞留し弱まりやすい。

（二〇〇九・一二・一二）

霧氷、雨氷、木花

長野地方気象台で予報官を務めていた荒井伊左夫さんが自著『信州の空模様』に、こんな経験を書いておられる。ある年の晩秋に長野市から志賀高原の横手山の北斜面が白く見え、「雪ではないか」という報道機関や市民から電話の問い合わせが続いた。が、気象台は霧氷かもしれないと疑った。しかし望遠鏡で見ても、判別できない。結局、山頂の山小屋に電話して霧氷であることが分かった、という。

霧氷には次の三種類がある。空気中の水蒸気が直接、氷の結晶になって木の枝についたのが樹霜。過冷却の霧粒が枝や幹にぶつかって凍りついたのが樹氷や粗氷で、これら三つを総称して霧氷と呼ぶ。樹氷は風上側に成長し、その形から「エビのシッポ」と呼ばれ、できた時の風向が推定できる。粗氷は白い樹氷に比べると透明である。有名な蔵王のモンスターはアオモリトドマツにできた樹氷や粗氷の上に雪がかぶった「霧氷の変わり種」で、異様な人の形になるのでモンスターの名がついた。長野県で美しい霧氷が見られるのは志賀高原や美ヶ原である。

信州で「木花《きばな》」と呼んでいる現象は霧氷のことが多く、「木花咲く村どこからも浅間見ゆ」

（滝沢宏司）と詠まれている。水蒸気の立ちやすい川辺やワサビ田周辺では豊かな木花が咲くと『信濃歳時記』（長野県俳人協会編）にある。「冬の木花は一夜に咲いて／朝日あたれば露と散る」は安曇節。

木の枝などへの着氷現象には、冷たい雨粒が触れて凍り付く雨氷もある。

（二〇〇二・一二・一三）

風邪の神

「三回風邪をひくと真冬になり、もう三回ひくと春になる」という諺《ことわざ》がある。俳句歳時記でも風邪は冬の季題である。前に総務省の「家計調査年報」で調べてみたら、一世帯当たりの感冒薬への支出金額は、夏の一二％に対して秋二六％、冬四〇％、春二二％だった。

風邪が冬に多いのは①低温・乾燥の空気中ではウイルスの生存期間が長い、②冷たい空気を吸い込むと鼻、のど、気管の粘膜の機能が低下しウイルスが排出されにくくなる、③寒い季節は人が狭い空間に集まるので感染の機会が増える——などによるという。

もっとも日本では「風邪に夏冬なし」と言い伝えられ、英語の諺でも春になってからの風邪の治りにくさを「五月の風邪は三十日風邪」と表現している。

「ひどい風邪だと思っても食欲があれば大丈夫。熱がなくても食欲がない時は警戒した方がよい」と友人の医師はいう。日本の諺辞典には「風邪の神は膳の下に隠れている」とある。美味《おい》しいものをたくさん食べろといったもので、英語の諺でも「風邪には大食」。そして北京では「早く見つけ、早く薬を飲み、早く休む」という。

新刊の『ひらがな暦』（絵と文・おーなり由子、新潮社）に「風邪の神おくり」の記事が載っている。信州の飯田では風邪がはやると、風邪の神が乗って出て行くように、竹に「馬」と書いた短冊を結び、おなかが空いても戻ってこないように、お米をつけ、「風邪の神さま、でていってくんなしょー」と叫んで家の中を走り回ったとか…。

（二〇〇六・一二・一六）

二 蒸気霧、なご、木花

「折節《おりふし》の移りかはるこそ、ものごとにあはれなれ」で始まる徒然草第十九段では、散った紅葉が汀《みぎわ》に留《とど》まっている時分、「霜いとしろうおける朝《あした》、やり水より烟《けむり》のたつこそをかしけれ」と記されている。

「やり水」は庭に堰《せ》き入れた流れで、その水面からたつ烟は蒸気霧（蒸発霧とも）。蒸発した水蒸気が大気に冷やされて凝結し、細かい水滴となって、水面から白い湯気が立ち上っているように見えるのだ。寒い朝、川・池・沼・湖・海で発生し、北海道では「けあらし（気嵐）」、英語ではシー・スモーク。

気象庁の海洋観測船で厳冬の日本海を北上した友人が、見渡す限りの海面をもうもうと覆う蒸気霧を見て信州の下雪《しもゆき》の素《もと》はこれだと実感した、と言っていた。

以前に千曲川の蒸気霧について書いたら、佐久の老婦人が、当地では「なご」と呼ぶと知らせてくださった。方言辞典で調べたら霧を「なご」と呼ぶ地方は全国にあったが、別項には「樹氷。木花。長野。」と記されていた。冷たい霧が木の枝に白く凍りついたのが樹氷で、木花《きばな》といい霧華《きばな》とも書く。蒸気霧の近くではこの現象が特に顕著に現れるのであろう。

島崎藤村「千曲川スケッチ」には「寒帯地方と気候を同じくするという軽井沢付近の落葉松林に俗に『ナゴ』と称《とな》えるものが氷の花のように付着する」という記述があり、角川文庫版の注解ではナゴは「いま樹氷というもの。佐久地方の方言」と記されている。

（二〇〇五・一二・一六）

一　行合の霜

十八日は陰暦十一月（別名、霜月）の十三日。二十日は十五夜で、二十一日は満月である。

陰暦では冬至が必ず霜月に含まれるように調節されていた。

そして二十二日が冬至。高度が一年中で最も低い「冬至太陽」と向かい合う霜月の満月は、夜半に空高く天心近くで輝く。特に今年は二十一日の午後、太陽と月が地球を挟んで一直線に並び、東の地平から昇る「霜月明月」は、いっとき地球の陰に入って「月出帯食（月の出のときに始まっている月食）」となる。

「冬空が美しいと霜が降りる」と信州の諺《ことわざ》にある。快晴無風で月や星が冴えて美しい夜は、地面から赤外線の形で大空に向けて放射される熱の一部を吸収し、大地に返してくれる雲が無い。その上、風が弱いと大気が冷えた地面に接する時間が長くなり、大気中の水蒸気が氷の結晶となった地物に付きやすくなるからだ。

辞書で「行合《ゆきあい》の霜」という、私には初めての言葉に出合った。「行合の空」は二つの季節（特に夏と秋）が出合う空だが、「行合の霜」は、「屋根などが両方から出合った所の隙から降る霜」（『広辞苑』）だという。

ただし霜は空から降るものではなく、接地大気の水蒸気が昇華したものであり、熱が逃げていく隙間の下の地面だけが特に冷えて、白い霜の小道ができたのであろう。しかし私はまだ、そのような風景を見ていない。

（二〇一〇・一二・一八）

風越の峰

「風上の降雪地から風に送られてまばらに飛来する雪」（『広辞苑』）を風花《かざはな》と呼ぶ。雪の落下速度は秒速一メートルぐらいだから、三〇〇〇メートルの雲頂の雪片が秒速一〇メートルの風に吹き飛ばされると、三〇キロも風下の青空を日光に輝きながら落ちることになる。群馬県では山越えの風花を「ふっこし（吹越し）」と呼ぶ。「吹越やつぎつぎに嶺夕日脱ぐ」（千代田葛彦）は夕日に染まっていた風花の峰が次々に暗くなってゆく光景を詠んだものであろう。英語の気象用語では雨滴や雪片の「吹き越し」はスピル・オーバー（spill over）。スピルは「零《こぼ》れ落ちる」の意味である。

記憶が定かでないので、もしも違っていたらお許し願いたいが、木下恵介監督が長野市郊外の千曲川にかかる村山橋付近で風花を撮影したと聞いた。少年時代の私はこの辺りの風景が好きで西長野町から自転車でよく出かけた。今は人家が密集しているが昭和初年代は姿やさしい飯綱山が見える静かな田園であった。

後年、伊那谷で中央アルプス（木曽山脈）を越えてくる風花を見た。そして飯田付近の風越《ふうえつ》山《ざん》が歌枕の風越《かざごし》の峰であることを知った。「風越の峰にたまらぬ白雪は晴れゆく空になほぞ降りける」と平忠度が詠んだ。風花を詠んだ最初の歌人は、一谷で戦死した心やさしく戦の下手な薩摩守忠度だったのであろうか。彼は、都落ちの途中で京都に引き返して藤原俊成に託した歌が、千載集に「読み人知らず」で収められたことで有名である。（二〇〇三・一二・一九）

霜月満月

明後日二十二日は冬至、一陽来復の日、新しい太陽の誕生日。クリスマスがこれに続くのは、古い時代に各民族の冬至祭と宗教行事が習合したもので、十日後の新年も冬至正月の流れを汲《く》むものであることは、ほぼ定説になっている。クリスマスの風習が中国に伝来した時、これを洋冬至と呼んだのも道理である。

ところで旧暦は冬至が十一月に必ず含まれるように調節されていた。今年は今日が旧暦十一月十七日である。旧暦十一月の別名は霜月。一昨日が霜月の十五夜で、今夜は霜月の満月である。十五夜お月様と満月の日付は必ずしも一致しないのだ。

冬至月の太陽は一年中で空の最も低いところを通るが、これと真向かいになる霜月満月は空の最も高いコースをたどる。長野市で見た場合、今日の太陽の昼の南中高度（南の地平線から図った高度角）は約三〇度だが、今夜の満月は真夜中に南中高度約八〇度の点を通る。高度角九〇度が天心だから、霜月満月は真夜中ほぼ天心に懸《か》かるといってよい。

清の時代の北京の年中行事を記した「燕京歳時記」などによれば、冬至に近い満月の夜は月が天心に懸かる真夜中まで起きていて「月天心」「月当頭」を愛でる風習があったという。

「寒月や衆徒の評議過ぎて後」（蕪村）、「冬の月寂漠として高きかな」（草城）。凍てついて寝静まった今夜、善光寺の山門高くに懸かる霜月満月を仰ぎ見る人もいることだろう。

（二〇〇二・一二・二〇）

熊の寝返り

光の季節と気温の季節は年に二回、袂《たもと》を分《わか》って反対方向に歩み始める。その一回は六月二十一日の夏至で、この日以後、光は秋に向かうが、暑さの峠は八月にずれこむ。もう一回は昨日の一陽来復の冬至。光は春へ、気温は厳寒に向かう。

ロシアの諺《ことわざ》に「冬至には冬眠中の熊《くま》が地下で寝返りを打つ」とある。「春に向かうといっても、変化はそれだけ、後は雪しんしん」というのであろう。日本の古句には「日は冬至埋《うも》れ蛙《かわず》も目覚めなん」（加藤暁台《きょうたい》）があるが、「熊の寝返り」よりは春が近い感じである。

ドイツではクリスマスから一か月後の一月二十五日の「パウロ回心の日」に、地中で木の根や冬眠中の蛙が向きを変えるといわれてきた。寒さの中で春を待つ人は、よく似た発想をするものだと思う。

ところで地中の温度はどのような季節変化をするのであろうか。

長野気象台が地中温度を観測していたころの統計によれば、月別の平均地面温度の最高は八月の二八・二度、最低は一月の〇・七度。しかし深さ三メートルの地中温度の最高は一〇月の一六・八度、最低は四月の九・八度で、年変化の幅（年較差）が小さくなるとともに、変化の位相が地面より二～三か月遅れている。これは暑さ寒さが地中に伝わるのに時間がかかるからである。熊は地中温度が高い季節に冬ごもりし、低くなるころ目覚めるようである。

昔の中央気象台の東京での観測では、深さ七メートルの温度は、年変化がほとんどなく通年一五度だった。

（二〇〇五・一二・二三）

洋冬至

冬至祭、クリスマス（聖誕祭）、元旦は、共に各民族に古くからあった「新しい太陽の誕生」を祝う風習に由来し、北京ではクリスマスを俗に洋冬至《ヤントンチ》と呼んでいたという。

十年ほど前に購入し放置したままだった『福音歳時記』（鷹羽狩行監修・フランス堂）を開い

てみて、キリスト教の風景や心象が、昔からの日本の季題で数多く詠まれているのに驚いた。また「満天に不幸きらめく降誕祭」（西東三鬼）、「復活を信じ得ずして冬至来る」（有馬暑雨）、「ユダとなる予感たしかな春の昼」（妹尾健）の句もあり、信ずる、信じないは別としてキリスト教が日本人の暮らしに溶け込んでいることを改めて認識した。

「聖歌原語で習ふ一茶の忌なりけり」（島田秋峰）と一茶忌（陰暦十一月十九日）もキリスト教に結びつけられている。「降誕祭雪靴脱げばうなだれぬ」（田川飛旅子）はホワイトクリスマス（雪の聖誕祭）の句である。この雪靴はしなやかな皮製で真っ直《す》ぐに立たなかったのであろう。

一方、英語の諺《ことわざ》では、雪の無いグリーンクリスマスの年は死者が多いといわれている。「雪は豊年の兆《きざし》」という諺は各国にあり、積雪の保温作用と春の融雪による土壌水分が冬まき穀物に有利のためと解釈されている。グリーンクリスマスの諺はその逆を言ったものであろう。イースター（復活祭、来年三月二十七日）の大雪も悪い兆だとか。暖冬冷春はよく起こる組み合わせである。この諺の当らないことを願う。

（二〇〇四・一二・二四）

「数え日」の季節

「燈火《ともしび》ちかく衣縫《きぬ》う母は／春の遊びの楽しさ語る／居並ぶ子どもは指を折りつつ／日数《ひかず》かぞ

えて喜び勇む／囲炉裏火はとろとろ／外は吹雪」

これは一九一二年（明治四十五）に作られた文部省唱歌「冬の夜」の歌詞で、私が小学生だった昭和初年代にも歌われていた。同じく一九一二年には「夏も近づく八十八夜…」（茶摘）、「今は山中　今は浜…」（汽車）、「村の鎮守の神様の…」（村祭）、前年には「秋の夕日に照る山紅葉…」（紅葉）が作られた。

私は「春の遊びの楽しさ語る」の春はお正月のことだと小学校の先生が言ったと記憶している。が、寒い信州では正月を春と呼ぶ実感はなかった。

俳句歳時記に載っているたくさんの正月の「春言葉」は、旧暦の立春正月の名残といわれているが、旧正月は来年の二月一日。奥信濃では、まだ違和感がある。

「もういくつねると　お正月／お正月には　凧《たこ》あげて／こまをまわして　あそびましょう／はやく来い来い　お正月」は一九〇一年（明治三十四年）の幼稚園唱歌。作詞は東くめ、作曲は滝廉太郎。

「その年内の残りの日数を数えること。また、その残り少ない日」を「数え日」という（『広辞苑』）。

「数え日は親のと子のは大違ひ」は古川柳。「数え日」のころは日本付近を強い低気圧が通ることが多い。いわゆる「年末低気圧」で、その通過後に押し寄せる厳しい寒波で、日本の季節は初冬から真冬に転換する。

（二〇〇二・一二・二七）

黙って降る雪

「ともかくもあなた任せのとしのくれ」と小林一茶が詠んだのは、江戸から北信濃の柏原に帰って数年後の文政二年（一八一九）で、その前年の句には「かくれ家や大三十日《おおつごもり》も夜の雪」とある。当時は気候変動論で小氷期と呼ばれる寒冷期にあたり、また陰暦の正月は現行暦の一月末から二月前半に始まったから、「雪の大晦日《おおみそか》」は当たり前だったのであろう。暖冬の今年はどうであろうか。

長野市生まれの私は、少年時代、いくぶん寂しい思いで雪の降る空を見上げていた記憶がある。天と地の間を埋めつくすように後から後から落ちてくる雪片は渦を巻き、屋根に落ちるかなと見るとツーと横に流れたりした。後に気象学を学び、雪の落下速度は結晶がバラバラに落ちる場合は秒速三〇～六〇センチ、雪片は一メートル程度で、雨滴の四～七メートルより一桁《ひとけた》小さいことを知った。

落下中の雪を見上げて詠んだ句に「降る雪を仰げば昇天する如《ごと》し」（夏石番矢）がある。また『信濃歳時記』（長野県俳人協会編）では「遅れまい遅れまいとし降る雪よ」（北村風居）と詠まれている。「上見れば虫コ、中見れば綿コ、下見れば雪コ」は東北地方は秋田県の童謡である。

「屋外のこの静けさやものものし起きいでて見ればはたして大雪」（岡山巌）。雪降る夜の静けさの原因は、交通途絶に伴う音源の減少と雪による音波の吸収であろう。青森県の諺《ことわざ》の「黙って降る雪はよけい積もる」は、人の営みにもあてはまる。

（二〇〇四・一二・三一）

あとがきにかえて

来し方、行く末

本年の猛暑は八十六歳の体に実に耐え難く、熱中症死や有名人の死のニュースを聞くたびに、「九月十二日までは生きていなければ」と思った。

というのは、長野市の信州松代ロイヤルホテルホールで、この日行われる予定の県民フォーラム「みんなで考える自殺予防」の講演を、約半年前に「その時、生きていたら」という条件で、お引き受けしていたからである。演題は八年前の私の著書名と同じ「やまない雨はない～

妻の死、うつ病、それから」（文春文庫）である。

八月下旬のスーパー残暑で「軽うつ状態」になった日、私は貝原益軒の『養生訓』中の「老人の心得」を読み返し、「荒い言葉、早口、大声をつつしめ、怒るな、恨むな、思い煩うな、過ぎ去った人の過去をとがめるな、自分の過失を何度も悔やむな、事を省け、自分の力量を知って行え、完全無欠を求めるな、自然や季節の美を楽しめ」（原文を圧縮・意訳）などに共感を覚えた。刊行年（一七一三年＝正徳三）、益軒は八十四歳。翌年、他界した。

振り返れば、わが「来し方」はすでに茫々《ぼうぼう》として長く、その間に受けた「人の恩」や僥倖《ぎょうこう》を今更のように気付き、未知の「行く末」は目前にある。

（二〇一〇・九・一一）

心の活断層

十二月初めに大阪で行われた第十二回日本心療内科学会総会・学術大会の市民公開講座で、私は一時間ほどの講演をした。

心療内科はまだ広く知られていないが、病気は社会、習慣、心、身体などのすべての相関で発症する点を重視して治療する内科だという。そして、現代医学が臓器だけを診るので、軽快するはずの患者を重症・難治化させてしまう場合もある、などの批判にも応える分野だとも聞いた。

ただし、全国に八十ある医学部・医科大学のうち心療内科の講座があるのは五大学だけで、今後の発展が期待される医学らしい。

私は「心とからだのやまい（うつ病克服の体験）」と題して、うつ病になりやすい人は几帳面で責任感が強いなど良い性格を持つ一方、片寄った「思い込み」や幼稚でゆがんだ「考え方」があり、それを自覚した時に展望が開けたことを語った。

また、地震の「活断層」の話をして、人の心にも活断層があり、破壊的な揺れを起こす前に、自分に適した方法でストレスを解消したいと述べた。

帰宅したら季節エッセイを寄稿したタウン情報誌「うえの」十二月号が届いており、田原総一朗さんが「一億総うつ」という文章を書いていた。

七十三歳の田原さんは、少しでも「うつ」の恐れに気付いたら睡眠導入剤を飲んで寝てしまう、長湯しながら好きな歌を大声で歌い続ける、付き合いを極端に悪くする、ときには仕事もほっぽり出す、「うつ」で入院したことは一度や二度ではない、こうして現在まで、何とか現役で生きている、という。読んでいて私はすっかり嬉《うれ》しくなってしまった。

（二〇〇七・一二・一五）

「三年日記」再び始まる人生

三年連用日記を使い始めたのは一九九二年。その後、一度だけ五年連用日記を使ったので、本年の大晦日《おおみそか》で六冊目が終わる。連用日記は、毎日の記事のスペースが小さく簡単にしか書けないので面倒でなく、ふと一〜二年前の生物季節記事を読み返すのも楽しい。

二回目の一年目（一九九五年）の元日には「去年と同じを書く幸せや初日記」（あつし）と記されており、翌年の春はNHKの放送文化賞、秋は叙勲を受け、順風満帆だった。しかし三年目（九七年）は妻が急逝。私は一四階マンションの屋上に通い、飛び降り自殺をはかり、大晦日の「現場に立つも自殺できず」で終わっている。

その後の連用日記には精神神経科・閉鎖病棟での約五か月間をはじめ、死を覚悟した病気を含め数回の入院記事がある一方、思いがけない人生の展開も経験している。二〇〇二年刊行の著書『やまない雨はない—妻の死、うつ病、それから—』は文春文庫に納められ、これを原作としたドラマが、昨年春にテレビ朝日系全国ネットで放送された。また、本年の秋にはドキュメンタリー「やまない雨はない—うつと共に生きる元お天気キャスター」が日本テレビ系全国ネットで放送された。

そのような展開があるたびに、あの時、亡き妻が大空から「あなたの人生はまだ終わっていない！」と叫んで、飛び降り自殺を止めてくれたのかと思う。

この暮れもまた「生きばやと三年連用日記買う」（あつし）である。（二〇一一・一二・一二）

【著者紹介】

倉嶋　厚（くらしま　あつし）

1924年長野市生まれ。
1949年、中央気象台付属気象技官養成研究所（現・気象大学校）卒業、気象庁入庁。防災気象官、主任予報官、札幌気象台予報課長、鹿児島気象台長などを歴任。理学博士。
1984年、気象庁退官後、NHK 解説委員となり、気象キャスターの草分けとして活躍。また、気象エッセイストとして著書多数。
日本気象協会〈岡田賞〉／1986年、運輸大臣〈交通文化賞〉／1988年、第1回国際気象フェスティバル（仏）ベストデザイン賞／1991年、日本放送協会〈放送文化賞〉／1996年、日本気象学会〈藤原賞〉／2005年、を受賞。また勲三等瑞宝章／1996年、を受章。2011年日本気象学会名誉会員に推せんされた。
〔著　書〕
『暮らしの気象学』草思社、1984年
『季節みちくさ事典』東京堂出版、1995年
『季節の366日話題事典』東京堂出版、2002年
『やまない雨はない―妻の死、うつ病、それから…』文藝春秋、2002年
『癒しの季節ノート』幻冬舎、2004年
『日本の空をみつめて―気象予報と人生―』岩波書店、2009年
ほか多数。

倉嶋厚の人生気象学　思い出の季節アルバム

2012年5月18日　初版印刷
2012年5月30日　初版発行　　JASRAC　出1205913-201

著　者　　倉嶋　厚
発行者　　松林孝至
発行所　　株式会社 東京堂出版
〒101-0051 東京都千代田区神田神保町1-17
電話　03-3233-3741　振替00130-7-270
http://www.tokyodoshuppan.com/

印刷・製本　　亜細亜印刷株式会社

ISBN978-4-490-20784-2　C0095